21 世纪高等院校规划教材

多媒体技术基础与应用

主　编　贺雪晨　贾振堂

U0131955

中国水利水电出版社
www.waterpub.com.cn

内 容 提 要

本书以培养应用型人才为目标，着重介绍多媒体技术的基础与应用方法。

本书通过"英语语法训练系统"、"音视频聊天软件"等案例的介绍，让读者了解多媒体教学系统、多媒体通信系统等多媒体项目开发的过程，掌握使用 Authorware 7.0、Dreamweaver CS3、Borland C++ Builder、Photoshop CS3、Flash CS3、Windows Movie Maker、Cool Edit Pro 2.1 等软件对图像、动画、视频、声音等多媒体元素进行处理和集成的方法。

本书配套光盘中包含教材中所有素材、程序和视频演示案例，在多媒体技术精品课程网站中（http://jpkc.shiep.edu.cn/?courseid=20085401）提供了教学所需的各种资源，实现了纸质教材、电子教材和网络教材的有机结合，可以供读者参考。

本书可以作为高等院校理工科各相关专业多媒体技术课程的教材，也可供从事多媒体项目开发的读者参考。

图书在版编目（CIP）数据

多媒体技术基础与应用 / 贺雪晨，贾振堂主编. --
北京 : 中国水利水电出版社，2010.9（2014.1 重印）
  21世纪高等院校规划教材
  ISBN 978-7-5084-7935-4

Ⅰ. ①多… Ⅱ. ①贺… ②贾… Ⅲ. ①多媒体技术－高等学校－教材 Ⅳ. ①TP37

中国版本图书馆CIP数据核字(2010)第186356号

策划编辑：周益丹　　责任编辑：宋俊娥　　封面设计：李 佳

书　　名	21世纪高等院校规划教材 **多媒体技术基础与应用**
作　　者	主 编　贺雪晨　贾振堂
出版发行	中国水利水电出版社 （北京市海淀区玉渊潭南路 1 号 D 座　100038） 网址：www.waterpub.com.cn E-mail：mchannel@263.net（万水） 　　　　sales@waterpub.com.cn 电话：（010）68367658（发行部）、82562819（万水）
经　　售	北京科水图书销售中心（零售） 电话：（010）88383994、63202643、68545874 全国各地新华书店和相关出版物销售网点
排　　版	北京万水电子信息有限公司
印　　刷	三河市鑫金马印装有限公司
规　　格	184mm×260mm　16 开本　13.5 印张　324 千字
版　　次	2010 年 10 月第 1 版　2014 年 1 月第 2 次印刷
印　　数	3001—5000 册
定　　价	28.00 元（赠 1CD）

序

随着计算机科学与技术的飞速发展，计算机的应用已经渗透到国民经济与人们生活的各个角落，正在日益改变着传统的人类工作方式和生活方式。在我国高等教育逐步实现大众化后，越来越多的高等院校会面向国民经济发展的第一线，为行业、企业培养各级各类高级应用型专门人才。为了大力推广计算机应用技术，更好地适应当前我国高等教育的跨跃式发展，满足我国高等院校从精英教育向大众化教育的转变，符合社会对高等院校应用型人才培养的各类要求，我们成立了"21世纪高等院校规划教材编委会"，在明确了高等院校应用型人才培养模式、培养目标、教学内容和课程体系的框架下，组织编写了本套"21世纪高等院校规划教材"。

众所周知，教材建设作为保证和提高教学质量的重要支柱及基础，作为体现教学内容和教学方法的知识载体，在当前培养应用型人才中的作用是显而易见的。探索和建设适应新世纪我国高等院校应用型人才培养体系需要的配套教材已经成为当前我国高等院校教学改革和教材建设工作面临的紧迫任务。因此，编委会经过大量的前期调研和策划，在广泛了解各高等院校的教学现状、市场需求，探讨课程设置、研究课程体系的基础上，组织一批具备较高的学术水平、丰富的教学经验、较强的工程实践能力的学术带头人、科研人员和主要从事该课程教学的骨干教师编写出一批有特色、适用性强的计算机类公共基础课、技术基础课、专业及应用技术课的教材以及相应的教学辅导书，以满足目前高等院校应用型人才培养的需要。本套教材消化和吸收了多年来已有的应用型人才培养的探索与实践成果，紧密结合经济全球化时代高等院校应用型人才培养工作的实际需要，努力实践，大胆创新。教材编写采用整体规划、分步实施、滚动立项的方式，分期分批地启动编写计划，编写大纲的确定以及教材风格的定位均经过编委会多次认真讨论，以确保该套教材的高质量和实用性。

教材编委会分析研究了应用型人才与研究型人才在培养目标、课程体系和内容编排上的区别，分别提出了3个层面上的要求：在专业基础类课程层面上，既要保持学科体系的完整性，使学生打下较为扎实的专业基础，为后续课程的学习做好铺垫，更要突出应用特色，理论联系实际，并与工程实践相结合，适当压缩过多过深的公式推导与原理性分析，兼顾考研学生的需要，以原理和公式结论的应用为突破口，注重它们的应用环境和方法；在程序设计类课程层面上，把握程序设计方法和思路，注重程序设计实践训练，引入典型的程序设计案例，将程序设计类课程的学习融入案例的研究和解决过程中，以学生实际编程解决问题的能力为突破口，注重程序设计算法的实现；在专业技术应用层面上，积极引入工程案例，以培养学生解决工程实际问题的能力为突破口，加大实践教学内容的比重，增加新技术、新知识、新工艺的内容。

本套规划教材的编写原则是：

在编写中重视基础，循序渐进，内容精炼，重点突出，融入学科方法论内容和科学理念，反映计算机技术发展要求，倡导理论联系实际和科学的思想方法，体现一级学科知识组织的层次结构。主要表现在：以计算机学科的科学体系为依托，明确目标定位，分类组织实施，兼容互补；理论与实践并重，强调理论与实践相结合，突出学科发展特点，体现学科发展的内在规律；教材内容循序渐进，保证学术深度，减少知识重复，前后相互呼应，内容编排合理，整体结构完整；采取自顶向下设计方法，内涵发展优先，突出学科方法论，强调知识体系可扩展的原则。

本套规划教材的主要特点是：

（1）面向应用型高等院校，在保证学科体系完整的基础上不过度强调理论的深度和难度，注重应用型人才的专业技能和工程实用技术的培养。在课程体系方面打破传统的研究型人才培养体系，根据社会经济发展对行业、企业的工程技术需要，建立新的课程体系，并在教材中反映出来。

（2）教材的理论知识包括了高等院校学生必须具备的科学、工程、技术等方面的要求，知识点不要求大而全，但一定要讲透，使学生真正掌握。同时注重理论知识与实践相结合，使学生通过实践深化对理论的理解，学会并掌握理论方法的实际运用。

（3）在教材中加大能力训练部分的比重，使学生比较熟练地应用计算机知识和技术解决实际问题，既注重培养学生分析问题的能力，也注重培养学生思考问题、解决问题的能力。

（4）教材采用"任务驱动"的编写方式，以实际问题引出相关原理和概念，在讲述实例的过程中将本章的知识点融入，通过分析归纳，介绍解决工程实际问题的思想和方法，然后进行概括总结，使教材内容层次清晰，脉络分明，可读性、可操作性强。同时，引入案例教学和启发式教学方法，便于激发学习兴趣。

（5）教材在内容编排上，力求由浅入深，循序渐进，举一反三，突出重点，通俗易懂。采用模块化结构，兼顾不同层次的需求，在具体授课时可根据各校的教学计划在内容上适当加以取舍。此外还注重了配套教材的编写，如课程学习辅导、实验指导、综合实训、课程设计指导等，注重多媒体的教学方式以及配套课件的制作。

（6）大部分教材配有电子教案，以使教材向多元化、多媒体化发展，满足广大教师进行多媒体教学的需要。电子教案用 PowerPoint 制作，教师可根据授课情况任意修改。相关教案的具体情况请到中国水利水电出版社网站 www.waterpub.com.cn 下载。此外还提供相关教材中所有程序的源代码，方便教师直接切换到系统环境中教学，提高教学效果。

总之，本套规划教材凝聚了众多长期在教学、科研一线工作的教师及科研人员的教学科研经验和智慧，内容新颖，结构完整，概念清晰，深入浅出，通俗易懂，可读性、可操作性和实用性强。本套规划教材适用于应用型高等院校各专业，也可作为本科院校举办的应用技术专业的课程教材，此外还可作为职业技术学院和民办高校、成人教育的教材以及从事工程应用的技术人员的自学参考资料。

我们感谢该套规划教材的各位作者为教材的出版所做出的贡献，也感谢中国水利水电出版社为选题、立项、编审所做出的努力。我们相信，随着我国高等教育的不断发展和高校教学改革的不断深入，具有示范性并适应应用型人才培养的精品课程教材必将进一步促进我国高等院校教学质量的提高。

我们期待广大读者对本套规划教材提出宝贵意见，以便进一步修订，使该套规划教材不断完善。

21 世纪高等院校规划教材编委会

2004 年 8 月

前　言

随着计算机和通信技术的不断发展，多媒体技术在日常生活中发挥着越来越大的作用，数字媒体内容处理技术也被列入我国信息产业的优选主题和上海市政府的支柱产业。本书以培养应用型人才为目标，加大新知识、新技术的介绍，理论知识以够用为主，着重介绍多媒体技术的应用方法。

本书内容分成三部分，分别由第 1 章、第 2～5 章、第 6～8 章组成。

第一部分介绍多媒体技术的基本概念、多媒体技术的发展与应用、多媒体系统开发工具，使读者对多媒体技术有一个概括的了解。

第二部分讲述图像、动画、视频、音频等数字媒体的基本概念，通过 Photoshop CS3、光影魔术手、美图秀秀、可牛影像、GIF Animator、Flash CS3、Ulead Cool 3D、Windows Movie Maker、数码大师、Cool Edit Pro 2.1 等软件分别介绍如何针对上述数字媒体进行处理，实现图像绘制、图像修复、图像合成、GIF 动画、Flash 动画、三维文字、数字视频捕获与编辑、数字相册制作、数字音频录制与格式转化、数字音频后期处理等多媒体应用。

第三部分讲述如何使用 Authorware 7.0、Dreamweaver CS3、C++ Builder 等软件实现多媒体项目开发的方法，按照企业对高校学生开发多媒体项目的实际需求，以"项目驱动法"设计案例，使读者在了解相关理论的基础上，具备相应的实际开发能力。通过应用 Authorware 开发"英语语法训练系统"的案例，读者不但能够了解多媒体项目的开发过程，而且可以自行开发相关的英语训练软件，提高英语学习效率。在多媒体通信技术中，使用 Borland C++ Builder 开发"音视频聊天软件"案例，使读者了解类似 NetMeeting、QQ 等通信软件的开发过程。

本书在内容阐述上循序渐进，富有启发性，使读者能够掌握基本理论、知识和技能。编写时以理论知识够用为前提，重点加强应用技能的培养，尽力做到通俗易懂，易教易学，使读者能够知识、能力、素质协调发展，通过实践深化对理论的理解。

本书第 1～7 章由贺雪晨编写，第 8 章由贾振堂编写，书中的实例由陈林玲、韩艳芳编写，夏俊在"英语语法训练系统"的案例编写中起到了重要的作用。

本书配套光盘中包含教材中所有素材、程序和视频演示案例，此外，作者的 Blog 网站（http://hein.blogcn.com 或 http://blog.sina.com.cn/heinhe）上可以随时与作者进行信息交流，作者的上海市精品课程"多媒体技术"网站（http://jpkc.shiep.edu.cn/?courseid=20085401）还提供教学大纲、教学进度表、非书面考试评分标准、电子教案、学生自测考题、学生优秀作品、视频课件等教学配套资源，形成纸质教材、电子教材与网络教材等有机结合的立体化教学解决方案。

由于多媒体技术发展非常迅速，同时作者水平有限，不足之处，敬请广大师生批评指正。

作　者
2010 年 6 月

目　录

第1章 多媒体技术概述

 **学习目标**

本章重点介绍多媒体技术的基本概念、多媒体技术的发展、多媒体技术的应用以及多媒体系统的开发工具。

学习要求

- **了解：** 多媒体技术的发展历史与趋势；多媒体技术的应用领域；常用的多媒体系统开发工具。
- **掌握：** 多媒体与多媒体技术的基本概念；多媒体系统的构成；多媒体关键技术。

多媒体技术是当今信息技术领域发展最快、最活跃的技术，是新一代电子技术发展和竞争的焦点。多媒体技术融文本、声音、图像、动画、视频和通信等多种功能于一体，借助日益普及的高速信息网，可实现计算机的全球联网和信息资源共享，并广泛应用于咨询、图书、教育、通信、军事、金融、医疗等行业，正潜移默化地改变着人们的生活。

1.1 多媒体技术基本概念

近年来，随着计算机和通信技术的不断发展，多媒体技术在日常生活中发挥着越来越大的作用。下面将针对多媒体的概念，多媒体技术的特性和涉及的内容，多媒体系统以及多媒体关键技术等几个方面进行介绍。

1.1.1 多媒体

多媒体是融合两种以上媒体的人机交互式信息交流和传播媒体。多媒体的英文单词是Multimedia，它由 multi 和 media 两部分组成。媒体（media）就是人与人之间实现信息交流的中介，是信息的载体。多媒体就是多重媒体的意思，可以理解为直接作用于人类感官的文字、图形、图像、动画、声音和视频等各种媒体的统称。

在日常生活中，被称为媒体的东西有很多，如蜜蜂是传播花粉的媒体，苍蝇是传播病菌的媒体。但准确地说，这些所谓的"媒体"是传播媒体，并非我们所说的多媒体中的"媒体"，因为这些传播媒体传播的都是某种物质实体，而文字、声音、图像、图形这些都不是物质实体，它们只是客观事物某种属性的表面特征，是一种信息表示方式。我们在计算机和通信领域所说的"媒体"，是信息存储、传播和表现的载体，并不是一般的媒介和媒质。

从计算机和通信设备处理信息的角度，可以将自然界和人类社会原始信息存在的形式——数据、文字、有声的语言、音响、绘画、动画、图像（静态的照片和动态的电影、电视和录像）等，归结为三种最基本的媒体，即声、图、文。传统的计算机只能处理单一媒体——文；电视能够传播声、图、文的集成信息，但我们只能单向被动地接受信息，不能双向、主动地处理信息，即没有所谓的交互性。

从概念上准确地说，多媒体中的"媒体"应该是指一种表达某种信息内容的形式。同理，我们所指的多媒体，应该是多种信息的表达方式或者多种信息的类型，因此，可以用多媒体信息这个概念来表示包含文字信息、图形信息、图像信息和声音信息等不同信息类型的一种综合信息类型。

1.1.2　多媒体技术

多媒体技术是把文字、图像、动画、音频、视频等多媒体信息通过计算机进行数字化采集、压缩/解压缩、编辑、存储等加工处理，并展示两个或两个以上不同类型信息媒体的技术。

1. 多媒体技术的特性

多媒体技术具有以下几个主要特性。

- 交互性：用户可以与计算机的多种信息媒体进行交互操作，从而为用户提供更加有效地控制和使用信息的手段。交互性是多媒体应用有别于传统信息交流媒体的主要特性之一。传统信息交流媒体只能单向地、被动地传播信息，而多媒体技术则可以实现人对信息的主动选择和控制。
- 集成性：以计算机为中心综合处理多种信息媒体，包括信息媒体的集成与处理这些媒体的设备的集成，能够对信息进行多通道统一获取、存储、组织与合成。
- 控制性：多媒体技术以计算机为中心，综合处理和控制多媒体信息，并按人的要求以多种媒体形式表现出来，同时作用于人的多种感官。
- 非线性：多媒体技术的非线性特性改变了人们传统循序性的读写模式。以往人们的读写方式大都采用章、节、页的框架，循序渐进地获取知识，而多媒体技术借助超文本链接的方法，把内容以一种更灵活、更具变化的方式呈现给读者。
- 媒体的数字化：媒体以数字形式存在。
- 媒体的实时性：多媒体的实时性体现在两个方面，一是声音、动态图像（视频）等媒体随时间变化而变化，二是当用户给出操作命令时，相应的多媒体信息都能够得到实时控制。
- 信息使用的方便性：用户可以按照自己的需要、兴趣、任务、要求、偏爱和认知特点来使用信息。
- 信息结构的动态性：用户可以按照自己的目的和认知特征重新组织信息，增加、删除或修改节点，重新建立链。

注意

◆ 集成性和交互性是多媒体技术最关键的两个特性，这是多媒体技术区别于传统的计算机技术和电视技术的关键所在。

◆ 集成性将不同类型的媒体有机地结合在一起，实现了 1+1>2 的功能。

◆ 交互性使人可以按照自己的思维习惯和意愿主动地选择和接受信息，拟定观看内容的路径（人与计算机之间，人驾驭多媒体，人是主动者，而多媒体是被动者）。

2. 多媒体技术涉及的内容

多媒体技术将音像技术、计算机技术和通信技术三大信息处理技术紧密地结合起来，使计算机可以处理人类生活中最直接、最普遍的信息，使计算机系统的人机交互界面和手段更加友好和方便。非专业人员也可以方便地使用和操作计算机，从而使计算机应用领域及功能得到极大的扩展。多媒体技术涉及面相当广泛，主要包括以下几个方面。

- 音频技术：音频采样、压缩、处理、语音合成、语音识别以及文字－语音的相互转换等。
- 视频技术：视频数字化、压缩、处理等。
- 图像技术：图像处理、图像动态生成、图像压缩等。
- 通信技术：语音、视频、图像的传输。
- 内容检索：多媒体数据库和基于多媒体数据库的检索等。
- 标准化：多媒体标准化。

1.1.3　多媒体系统

多媒体计算机系统不是单一的技术，而是多种信息技术的集成，是把多种技术综合应用到一个计算机系统中，实现信息输入、信息处理、信息输出等多种功能。一个完整的多媒体计算机系统由多媒体计算机硬件和多媒体计算机软件两部分组成。

1. 多媒体硬件系统

在多媒体计算机之前，传统计算机处理的信息往往仅限于文字和数字，同时，由于人机之间的交互只能通过键盘和显示器，信息交流的途径缺乏多样性。为了改善人机交互的接口，使计算机能够集声、文、图像处理于一体，人类发明了有多媒体处理能力的计算机。它的硬件结构与一般所用的计算机并无太大的差别，只不过是多了一些辅助软硬件配置而已。

多媒体计算机的主要硬件除了常规的计算机硬件（如主机、软盘驱动器、硬盘驱动器、显示器、网卡）之外，还需要声音/视频处理器、多种媒体输入/输出设备及信号转换装置、通信传输设备及接口装置、光盘驱动器等。多媒体计算机的主要硬件设备如下。

- 音频卡：用于处理音频信息，把话筒、录音机、电子乐器等输入的声音信息进行模数转换（A/D）、压缩等处理，也可以把经过计算机处理的数字化的声音信号通过还原（解压缩）、数模转换（D/A）后用音箱播放出来，或者用录音设备记录下来。
- 视频卡：用于支持视频信号（如电视）的输入与输出。
- 采集卡：将电视信号转换成计算机的数字信号，以便于使用软件对转换后的数字信号进行剪辑处理、加工和色彩控制（还可将处理后的数字信号输出到录像带中）。
- 扫描仪：将摄影作品、绘画作品或其他印刷材料上的文字和图像（甚至实物），扫描到计算机中，以便进行加工处理。
- 光驱：用于读取或存储大容量的多媒体信息。

2. 多媒体软件系统

多媒体软件系统包括多媒体操作系统、多媒体系统开发工具软件和用户应用软件。

- 多媒体操作系统：具有实时任务调度、多媒体数据转换和同步控制对多媒体设备的驱动和控制，以及图形用户界面管理等。
- 多媒体系统开发工具软件：包括多媒体编辑工具（例如字处理软件、绘图软件、图像处理软件、动画制作软件、声音编辑软件以及视频编辑软件）和多媒体创作工具（例如 Authorware、Director、Tool Book 等）两大部分。

● 用户应用软件：根据多媒体系统终端用户的要求而定制的应用软件，或面向某一领域用户的应用软件系统，用户应用软件是面向大规模用户的系统产品。

1.1.4 多媒体关键技术

由于多媒体关键技术取得了突破性的进展，多媒体技术才得以迅速发展，成为像今天这样具有强大的处理声音、文字、图像等媒体信息的能力的技术。

1. 传统多媒体关键技术

多媒体系统需要将不同的媒体数据表示成统一的结构码流，然后对其进行变换、重组和分析处理，以便进一步存储、传送、输出和交互控制。

多媒体的传统关键技术主要包括数据压缩技术、大规模集成电路（VLSI）制造技术、大容量的光盘存储器（CD-ROM）、实时多任务操作系统等 4 个方面。

2. 网络多媒体关键技术

应用于互联网的多媒体关键技术主要包括媒体处理与编码技术、多媒体系统技术、多媒体信息组织与管理技术、多媒体通信网络技术、多媒体人机接口与虚拟现实技术、多媒体应用技术等 6 个方面。

注意

◆ 其他网络多媒体关键技术还包括多媒体同步技术、多媒体操作系统技术、多媒体中间件技术、多媒体交换技术、多媒体数据库技术、超媒体技术、基于内容检索技术、多媒体通信中的 QoS 管理技术、多媒体会议系统技术、多媒体视频点播与交互电视技术、虚拟实景空间技术等。

1.2 多媒体技术的发展

20 世纪 80 年代声卡的出现，不仅标志着计算机具备了音频处理能力，也标志着计算机的发展进入了多媒体技术发展阶段。1988 年 MPEG（Moving Picture Expert Group，运动图像专家小组）的建立又对多媒体技术的发展起到了推波助澜的作用。进入 20 世纪 90 年代，随着硬件技术的提高，自 80486 以后，多媒体时代终于到来。

20 世纪 80 年代之后，多媒体技术的发展有两条主线可循，一条是视频技术的发展，另一条是音频技术的发展，具体如下：

● 从 AVI 出现开始，视频技术进入蓬勃发展时期。这个时期内的三次高潮主导者分别是 AVI、Stream（流格式）以及 MPEG。AVI 的出现为计算机视频存储奠定了一个标准；Stream 使得网络传播视频成为了非常轻松的事情；MPEG 则将计算机视频应用进行了最大化的普及。

● 音频技术的发展大致经历了两个阶段，一个是以单机为主的 WAV 和 MIDI 的发展，另一个是随后出现的形形色色的网络音乐压缩技术的发展。

1. 多媒体技术发展的代表性时刻

1984 年，美国 Apple 公司开创了用计算机进行图像处理的先河，在世界上首次使用位图（Bitmap）概念对图像进行描述，从而实现了对图像进行简单的处理、存储以及传送，其

Macintosh 计算机首次采用了先进的图形用户界面，体现了全新的 Window（窗口）概念和 Icon（图标）程序设计理念，并且建立了新型的图形化人机接口标准。

1985 年，计算机硬件技术有了较大的突破，激光只读存储器 CD-ROM 的问世，为解决多媒体数据大容量存储和处理提供了理想的条件，对计算机多媒体技术的发展起到了决定性的推动作用，使计算机具备了音乐处理的能力。

1986 年，荷兰 PHILIPS 公司和日本 SONY 公司共同制定了 CD-I（Compact Disc-Interactive）交互式激光盘系统标准，允许用户在光盘上存储 650MB 的数字信息，使多媒体信息的存储规范化和标准化。

1987 年，RCA 公司制定了 DVI（Digital Video Interactive）技术标准，计算机能够利用光盘以 DVI 标准存储静止图像、活动图像以及声音等多种信息，使计算机处理多媒体信息具备了统一的技术标准。

1990 年，美国 Microsoft 公司和包括荷兰 PHILIPS 公司在内的一些计算机技术公司成立了"多媒体个人计算机市场协会（Multimedia PC Marketing Council）"，制定了多媒体计算机的"MPC 标准"。1991 年提出了 MPC1 标准，1993 年公布了 MPC2 标准，1995 年公布了 MPC3 标准。MPC3 标准制定了视频压缩技术 MPEC 的技术指标，使视频播放技术更加成熟和规范化，并且指定了采用全屏幕播放和使用软件进行视频数据解压缩等技术标准。

1995 年，由美国 Microsoft 公司开发的功能强大的 Windows 95 操作系统问世，使多媒体计算机的用户界面更容易操作，并且功能更为强劲。随着视频音频压缩技术日趋成熟，高速的奔腾系列 CPU 开始武装个人计算机，多媒体技术得到了蓬勃发展。国际互联网络 Internet 的兴起，也促进了多媒体技术的发展，更新更高的 MPC 标准相继问世。

2. 多媒体技术的发展趋势

目前，多媒体技术的发展趋势是逐渐把计算机技术、通信技术和大众传播技术融合在一起，向两个方面发展（一是网络化发展趋势，二是多媒体终端的部件化、智能化和嵌入化）。网络和计算机技术相交融的交互式多媒体将成为 21 世纪的多媒体发展方向。

所谓交互式多媒体是指不仅可以从网络上接受信息、选择信息，还可以发送信息，并且其信息以多媒体的形式传输。利用这一技术，人们能够在家里购物或点播自己喜欢的电视节目。

多媒体交互技术的发展，使多媒体技术在模式识别、全息图像、自然语言理解（语音识别与合成）和新的传感技术（手写输入、数据手套、电子气味合成器）等基础上，可以利用人的多种感觉通道和动作通道（如语音、书写、表情、姿势、视线、动作和嗅觉等），通过数据手套和跟踪手语信息，提取特定人的面部特征，合成面部动作和表情，实现以三维的逼真输出为标志的虚拟现实，如图 1-1 所示。

图 1-1　三维场景

多媒体终端设备的部件化和智能化，对多媒体终端增加了文字的识别和输入、汉语语音的识别和输入、自然语言理解和机器翻译、图形的识别和理解、机器人视觉和计算机视觉等功能。

TV 与 PC 技术的竞争与融合延伸出"信息家电平台"的概念，使多媒体终端集家庭购物、家庭办公、家庭医疗、交互教学、交互游戏、视频邮件和视频点播等全方位应用为一身，代表了当今嵌入式多媒体终端的发展方向。

嵌入式多媒体系统应用在人们生活与工作的各个方面，在工业控制和商业管理领域，如智能工控设备、POS/ATM 机、IC 卡等；在家庭领域，如数字机顶盒、数字式电视、WebTV、网络冰箱、网络空调等消费类电子产品。此外，嵌入式多媒体系统还在医疗类电子设备、多媒体手机、掌上电脑、车载导航器、娱乐、军事方面等领域有着巨大的应用前景。

1.3　多媒体技术的应用

近年来，多媒体技术得到迅速发展，其应用领域也不断扩大（如游戏、教育、档案、图书、娱乐、艺术、股票债券、金融交易、建筑设计、家庭、通信等）。其中，运用多媒体技术最多最广泛也最早的是电子游戏，千万青少年甚至成年人为之着迷，可见多媒体的威力。另外，大商场里的电子导购触摸屏也是多媒体技术应用的一例，它的出现极大地方便了人们的生活。

1.3.1　多媒体展示

多媒体展示的应用场合非常多，包括产品展示、活动展示、会议展示、公共服务领域展示等。多媒体展示系统可以由用户操作使用，或者由系统自动播放，如图 1-2 所示。

图 1-2　多媒体展示系统

很多公司为了宣传自己的产品，使用多媒体技术制作产品演示光盘，商家通过多媒体演示可以将产品表现得淋漓尽致，客户可以通过多媒体光盘随心所欲地观看。过去人们看到的纸介质的出版物，没有声音、图像，其表现形式是静止的，而多媒体展示直观、经济、便捷，形式更活泼、更有趣、更容易让人接受。多媒体展示的效果非常好，被广泛应用于房地产公司、计算机公司、汽车制造厂商等许多领域。

我们经常遇到各种开会或活动，有时非常枯燥，如果事前将会议的内容制作成多媒体，有视频、音频、动画等，非常形象地进行讲解，就不会出现上述问题。如果将会议的情况、花絮等制成多媒体光盘，并加以保留，将更具有纪念意义。推而广之，各种活动，包括家庭的婚丧嫁娶等值得保留的事件，都可以制作成多媒体光盘。

在展览馆或博物馆等需要展示的场合，人们可以通过多媒体演示形象地、直观地了解展品，而不要专人去讲解，或者仅仅是看到简单的画面。通过多媒体展示，人们可以从各种角度了解更多的知识，甚至可以不用去展览馆或图书馆。另外，多媒体展示系统还可以应用于城市道路查询、航班咨询、业务咨询等其他公共服务领域。

1.3.2 多媒体教学

教育领域是最适合使用多媒体进行辅助教学的领域，多媒体的辅助和参与使教育领域产生一场质的革命。以多媒体计算机为核心的现代教育技术使教学手段丰富多彩，通过多媒体教室和 CAI 课件的使用，多媒体教学比传统教学更丰富多彩，如图 1-3 所示。

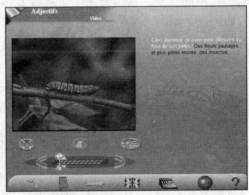

图 1-3　多媒体教学

通过利用多媒体技术，教师可以形象直观地讲述清楚过去很难描述的课程内容，学生也可以更形象地理解和掌握相应的教学内容。学生可以通过多媒体进行自学，例如使用多媒体历史教学光盘，学习不再只限于书本，而是可以看、听并体验历史事件；在地理书上，学生可以看到热带茂密的森林，听到鸟儿的歌唱，同时学习新的词汇；将虚拟技术应用于多媒体教学，可以使学生游览海底、遨游太空、观摩历史城堡，甚至深入原子内部观察电子的运动轨迹，体验爱因斯坦的相对论世界，从而更形象地获取知识，激发思维。

注意　◆ 除学校外，各大单位、公司培训在职人员或新员工时，也可以通过多媒体进行教学培训、考核等，非常形象直观，同时可解决师资不足的问题。从某种意义上说，一张多媒体光盘可以替代一个甚至几个顶尖的教师。

1.3.3   多媒体网络应用

多媒体网络应用指的是以声音和电视图像为主的多媒体通信，例如声音、视频的点播或广播、Internet 电话、视频会议、远程教学、虚拟现实等。

1. 视频点播和直播

视频点播（VoD）技术最早应用于局域网及有线电视网中，随着流媒体技术的出现，实现了基于互联网的视频点播。很多大型的新闻娱乐媒体都在因特网上提供了基于流技术的音视频节目，例如国外的 CNN、CBS 以及我国的中央电视台等，如图 1-4 所示。

图 1-4   视频点播

随着因特网的普及，从因特网上直接收看体育赛事、重大庆典、商贸展览等节目已经成为很多人的愿望。同时，很多厂商希望借助网上直播的形式将自己的产品和活动传遍全世界。这一切都促成了因特网直播的形成。

注意   ◆   无论从技术上还是从市场上考虑，因特网直播是流媒体众多应用中最成熟的一个，例如每年一度的"春节晚会"就提供网上现场直播。

2. 远程医疗与虚拟医疗

通过多媒体计算机和其他通信设备，位于现代医疗卫生中心的医生，可以使用医疗传感器对边远地区的病人进行多项病理检查，检查的结果可以立即传送到医疗中心，为医生的诊断提供依据。另外，远程医疗系统还可以组织各地的医疗专家为患者进行会诊，讨论医疗方案。

虚拟医疗系统根据已经掌握的人体数据，在计算机中重构人体或某一器官的几何模型，通过机械手或数据手套等高精度的交互工具，在计算机中模拟手术过程，可以达到训练、研究的目的，如图 1-5 所示。

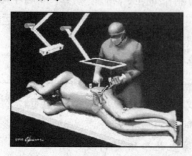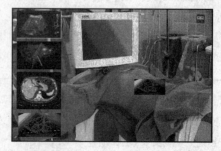

图 1-5   虚拟医疗

3．视频会议

视频会议系统可以使与会者同步地进行通信，通过视频会议系统，与会者之间可以相互传送文档资料，其他与会者不仅可以听到发言人的实时语音信息，并且能看到实时影像和会场情景，如图 1-6 所示。

图 1-6　视频会议系统

◆　通过视频会议系统，还可以实现远程实时教学。使用流媒体中的视频点播技术，可以达到因材施教与交互式教学的目的，学生可以通过网络共享自己的学习经验和成果。

4．移动流媒体

移动流媒体技术是网络音视频技术和移动通信技术发展到一定阶段的产物，随着 3G 技术的逐步成熟，该技术已经成为目前全球范围内移动业务研究的热点。

流媒体技术被应用到无线终端设备上，为移动用户提供 MobileMusic、MobileTV 等娱乐服务，以及新闻、体育、时尚消费资讯等信息服务、监控服务和定位服务，如图 1-7 所示。

图 1-7　MobileTV

1.4　多媒体系统开发工具

多媒体系统开发工具是支持应用开发人员进行多媒体应用软件创作的工具，借助该工具，开发人员可以不用编程也能制作优秀的多媒体作品，因此，多媒体系统开发工具必须具有概念清晰、界面简洁、操作简单、功能伸缩性强等特点。目前，优秀的多媒体系统开发工具应该具备以下 8 种基本的能力并能够不断进行增强。

● 编辑能力及环境。

- 媒体数据输入能力。
- 交互能力。
- 功能扩充能力。
- 调试能力。
- 动态数据交换能力。
- 数据库功能。
- 网络组件及模板套用能力。

从系统工具的功能角度划分，多媒体系统开发工具大致可以分为多媒体编辑工具和多媒体创作工具两类，具体如下：

- 多媒体编辑工具用于建立媒体模型与编辑产生媒体数据。比较有名的多媒体编辑工具包括图形图像处理工具 Photoshop、CorelDRAW、Freehand、Fireworks，动画处理工具 AutoDesk Animator Pro、3DS MAX、Maya、Flash 等，视频处理工具 Ulead Media Studio、Adobe Premiere、After Effects 等，声音处理工具 Sound Forge、Cool Edit、Wave Edit、Audition、SoundBooth 等。
- 多媒体创作工具提供不同的编辑、写作方式。比较有名的包括基于脚本语言的创作工具 Toolbook，基于流程图的创作工具 Authorware，基于时序的创作工具 Director，基于网络的 HTML 语言、VRML 语言、XML 语言，以及 Visual C++、Visual Basic、Java 等高级语言。

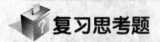 **复习思考题**

一、填空题

（1）多媒体是融合两种以上媒体的_____信息交流和传播媒体。

（2）多媒体技术的特性包括_____、_____、_____、_____、_____、_____、_____和_____，其最主要的特性是_____和_____。

（3）多媒体计算机系统由多媒体计算机_____和多媒体计算机软件两部分组成。多媒体软件系统包括_____、_____和_____。

（4）多媒体系统开发工具必须具备_____、_____、_____、_____、_____、_____、_____、_____等基本能力。

二、简答题

（1）多媒体技术中的媒体与日常生活中的媒体有何区别？

（2）多媒体与电视的区别在哪里？

（3）什么是多媒体技术？

（4）多媒体技术区别于传统的计算机技术和电视技术的关键是什么？

（5）举例说明多媒体系统开发工具软件有哪些。

（6）简述多媒体技术的发展过程和发展趋势。

（7）举例说明多媒体技术在日常生活中的应用。

（8）举例说明多媒体编辑工具和多媒体创作工具的功能。

第 2 章　图像处理技术与应用

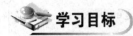**学习目标**

　　本章将重点介绍数字图像的基础知识，帮助用户了解图像绘制、图像修复、图像合成的方法。

学习要求

- **了解**：数字图像的分类和常见的文件格式，图层、滤镜、通道、蒙版、路径等概念。
- **掌握**：利用 Photoshop CS3、光影魔术手、美图秀秀、可牛影像等软件进行数字图像绘制、图像修复、图像合成的方法。

　　图像是人类对视觉感知的物质再现，通常包括静止图像和运动图像（视频），本章将介绍静止图像。图像是多媒体中最基本的要素，它可以使原来需要大量文字说明的内容直观地呈现在使用者面前，并增强多媒体作品的效果。

2.1　基础知识

　　随着数字采集技术的发展，越来越多的图像以数字形式存储。多媒体技术中的图像一般指数字图像，本节将简单介绍数字图像的分类和格式。

2.1.1　数字图像分类

数字图像包括矢量图和位图，其各自的特点如下：

- 矢量图用一系列计算机指令来表示一幅图像，如画点、直线、曲线、圆、矩形等。这种方法实际上是用数学方法来描述一幅图像，图像在放大时不会失真（如使用 CorelDRAW 绘制的图像）。
- 位图由像素组成，当位图被放大数倍后，会发现连续的色调其实是由许多色彩相近的小方点组成的，这些小方点就是构成位图图像的最小单位"像素"，因此位图图像在放大时会出现马赛克现象（如使用 Windows 画图软件绘制的图像）。

每个位图的像素通常对应于二维空间中一个特定的"位置"，并且由一个或者多个相关的采样值组成。根据这些采样数目及特性的不同，位图可以划分为以下几种。

- 二值图像：图像中每个像素的亮度值仅可以取自 0 到 1 的图像，因此也称为 1-bit 图像。
- 灰度图像（灰阶图像）：图像中每个像素可以由 0（黑）到 255（白）的亮度值表示（0～255 之间表示不同的灰度级）。
- 彩色图像：彩色图像主要分为 RGB、CMYK 和 Lab 三种模式。RGB 模式的图像由三种不同颜色成分组合：红 R、绿 G、蓝 B；CMYK 模式的图像由四个颜色成分组成：青 C、品 M、黄 Y、黑 K（其主要用于印刷行业）；Lab 模式与设备无关，由一个亮度通道 L 和两个是色彩通道 a、b 表示。

◆ 可以将 Lab 模式看作是两个通道的 RGB 模式加一个亮度通道的模式。

◆ Lab 模式在转换成 CMYK 模式时，色彩不会丢失或被替换。

◆ 通常在图像编辑中使用 Lab 模式，再转换为 CMYK 模式打印输出。

2.1.2 数字图像格式

多媒体技术中，彩色图像的每个像素用 R、G、B 三个分量（共 24 位）表示，一幅 800×600 像素的真彩色图像文件的大小为 800×600×24/8 =1.37MB。彩色图像的数据量非常大，在磁盘上存储时占很大的空间，在 Internet 上传输时很费时间，因此必须对图像数据进行压缩。

数据压缩分为两种类型，一种称为无损压缩，另一种称为有损压缩，其各自的特点如下：

● 无损压缩指使用压缩后的数据进行解压缩，还原后的数据与原来的数据完全相同，例如磁盘文件的压缩就是无损压缩的典型例子。

● 有损压缩指使用压缩后的数据进行还原，还原后的数据与原来的数据有所不同，但不影响人对原始资料所表达信息的理解。

◆ 采用不同的方法对原始图像进行处理，就形成了不同的图像格式。目前比较流行的图像格式包括位图图像格式 BMP、GIF、JPEG、PNG 等，以及矢量图像格式 WMF、SVG 等。

1．BMP 文件格式

BMP 文件格式是 Windows 画图软件使用的文件格式，在 Windows 系统环境下运行的所有图像处理软件都支持这种格式，它是计算机上最常用的位图格式。

2．GIF 文件格式

GIF 文件格式支持动画图像，可以在一个文件中存放多幅彩色图像，这种文件格式可以像幻灯片那样显示或者像动画那样演示。另外，GIF 文件格式支持 256 色，对真彩色图像进行有损压缩，是 Internet 上几乎所有 Web 浏览器都支持的图像文件格式。

3．JPEG 文件格式

JPEG 文件格式采用先进的有损压缩算法，压缩时具有较好的图像保真度和较高的压缩比。对于同一幅图像，JPEG 格式存储的文件是其他类型文件的 1/10～1/20，而且其色彩数最高可达到 24 位，目前在网络中被广泛使用。

4．PNG 文件格式

PNG 文件格式为无损压缩位图格式，它结合了 GIF 和 JPEG 二者的优点，被设计用于代替 GIF 格式。由于采用无损压缩方法减小了文件大小，其显示速度快，只需下载 1/64 的图像信息就可以显示出低分辨率的预览图像。

5．WMF 文件格式

WMF 文件格式在 Microsoft Windows 3.0 开始引入，它是微软操作系统存储矢量图的文件格式。

6．SVG 文件格式

可缩放矢量图形（SVG）基于可扩展标记语言（XML），它用文本格式的描述性语言来描述图像内容，是一种和图像分辨率无关的矢量图形格式。

2.1.3 数字图像处理

在图像领域，最出色的工具软件是 Adobe 公司的 Photoshop。在几乎所有的广告、出版、软件公司中，Photoshop 都是首选的平面工具软件。在 Photoshop 中，通过图层、滤镜、通道、蒙版、路径等工具，用户可以实现图像绘制、图像修复以及图像合成等功能。

2007 年 3 月 27 日发布的 Adobe Creative Suite 3，是 Adobe 公司成立 25 年来最大的一次软件升级，它反映了 Adobe 及 Macromedia 之间的强大整合，包括 Photoshop CS3、Photoshop CS3 Extended、InDesign CS3、Illustrator CS3、Flash CS3 Professional、Dreamweaver CS3、Acrobat 8 Professional、Fireworks CS3、Contribute CS3、Soundbooth CS3、Encore CS3、Bridge CS3、Premiere Pro CS3 及 After Effects CS3 等软件。

2.2 数字图像绘制

使用 Photoshop CS3 工具箱中的画笔（包括画笔和铅笔工具）、填充（包括渐变和油漆桶工具）等工具可以实现位图的绘制。使用路径（包括钢笔、自由钢笔等工具）、路径选择（包括直接选择和路径选择工具）等工具可以绘制矢量图。

【例 2-1】在 Photoshop 软件中，使用路径绘制邮票边框效果。

（1）启动 Photoshop 后，打开光盘中的"悉尼歌剧院.jpg"文件，选择"图像"|"图像大小"命令，记下其大小 1280×960 像素，然后选择"选择"|"全部"和"编辑"|"拷贝"命令。

（2）在工具箱中单击"切换前景色和背景色"按钮，设置前景色为白色、背景色为黑色。

（3）选择"文件"|"新建"命令，在如图 2-1 所示的"新建"对话框中设置其大小为 1320×1000 像素，背景内容为背景色，然后单击"确定"按钮。

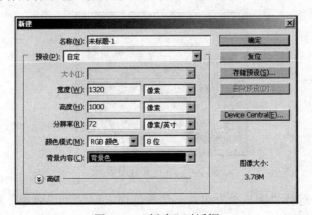

图 2-1 "新建"对话框

注意

◆ 新建图像比原始图像大 40 个像素，是为了在原图像四周留出空隙。空隙的大小，用户可以根据原始图像进行选择。

（4）选择"编辑"|"粘贴"命令，新建图像，如图 2-2 所示。

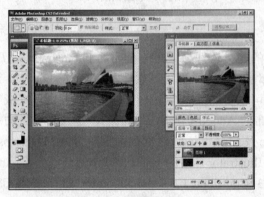

图 2-2　新建图像

（5）在工具箱中选择"矩形选框"工具，然后选取整个图像窗口为选区，如图 2-3 所示。

图 2-3　选取图像

（6）在工具箱中选择"油漆桶"工具，然后单击选区中的黑色部分，将其填充为前景色（白色），如图 2-4 所示。打开"路径"面板，单击其中的第 4 个按钮"从选区生成工作路径"。

图 2-4　填充部分图像

（7）在工具箱中选择"橡皮擦"工具，然后选择"窗口"|"画笔"命令，打开"画笔"调板，设置画笔笔尖的形状，如图 2-5 所示。

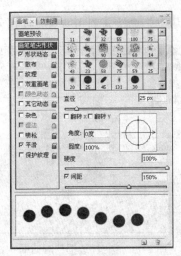

图 2-5　设置画笔

注意

◆　画笔的直径、间距等参数的设置需要根据不同大小的图像进行选择。

（8）单击路径调板中的第 2 个按钮"用画笔描边路径"，然后用前景色描边路径，绘出如图 2-6 所示的邮票效果。

图 2-6　邮票效果

（9）选择"文件" | "存储为"命令，将文件保存为 PSD 格式，以便下次使用 Photoshop 进行编辑，或保存为其他文件格式。

注意

◆　作为一款图像处理软件而言，Photoshop 无疑是顶尖的，但是熟练掌握它的用法则需要掌握一定的软件应用知识。

◆　有时候做些小的图像处理并不一定要用到 Photoshop 软件，很多体积小巧又易用的工具完全可以胜任，如光影魔术手、Turbo Photo、PhotoCap、Paint.net 等。

【例 2-2】使用"光影魔术手"软件制作邮票边框效果。

（1）运行"光影魔术手"软件，打开光盘中的"悉尼歌剧院.jpg"文件。

（2）选择"工具"|"花样边框"命令，打开如图 2-7 所示的"花样边框"对话框。

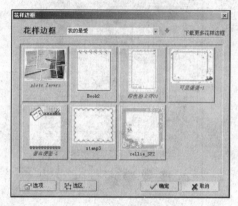

图 2-7 "花样边框"对话框

（3）在打开的对话框中选择 stamp3 边框类型，然后单击"确定"按钮，在图像文件四周添加邮票边框效果，如图 2-8 所示。

图 2-8 邮票边框效果

◆ "光影魔术手"软件是专门针对数码照片后期处理的工具软件，用户不用专门学习它，就能上手使用。

◆ "光影魔术手"软件自带众多处理特效模板，可以满足用户各种不同的需求。

2.3 数字图像修复

在制作多媒体作品时，一些数字图像可能在大小、色彩、清晰度等方面存在瑕疵，用户需要对原始图像进行修复才能使用。

2.3.1 调整图像大小

调整图像大小的方法有以下两种。

- 直接调整图像的长和宽：这种方法有时会造成图像的失真，只适合图像尺寸调整幅度不大时使用。
- 通过调整图像的分辨率改变图像的尺寸大小：这种方法处理后的图像不会失真，在计算机屏幕上看上去图像的大小没有什么变化，但将其打印出来后图像的尺寸就会发生变化。

【例 2-3】调整图像的长和宽。

（1）在 Photoshop 中打开光盘中的"悉尼歌剧院.jpg"文件。

（2）选择"图像" | "图像大小"命令，出现"图像大小"对话框。

（3）选择"约束比例"复选框，将"像素大小"选项区域中的"宽度"文本框的设置改为 800，这时"高度"文本框中的数值也发生了相应的变化，如图 2-9 所示。

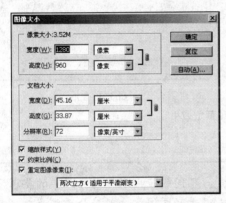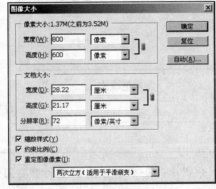

（a）更改前　　　　　　　　　　（b）更改后

图 2-9　"图像大小"对话框

（4）单击"确定"按钮，整个图像将缩小，文件大小由之前的 3.52MB 更改为 1.37MB。

【例 2-4】在 Photoshop 中调整图像的分辨率。

（1）在 Photoshop 中打开光盘中的"悉尼歌剧院.jpg"文件。

（2）选择"图像" | "图像大小"命令，打开"图像大小"对话框。

（3）取消默认选择"重定图像像素"复选框，然后将"分辨率"文本框内的原始值 72 ppi 改为 150，如图 2-10 所示。

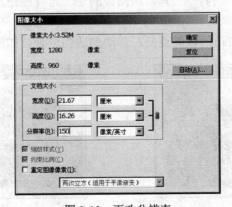

图 2-10　更改分辨率

（4）单击"图像大小"对话框中的"确定"按钮，屏幕上的图像大小没有改变，但打印的尺寸和质量发生变化，如图 2-11 所示。

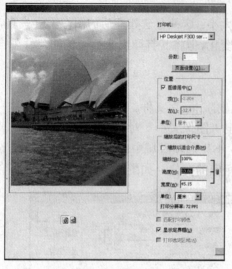

（a）更改前   （b）更改后

图 2-11   打印预览效果

◆ 分辨率是影响图像清晰度的重要因素，不同的应用场合对分辨率的要求不同。
◆ 对于网络、幻灯片等在屏幕上显示或观看的图像，一般其分辨率为 72ppi。
◆ 对于用于喷墨打印、激光打印、彩色喷绘以及印刷等的图像，一般其分辨率从 150ppi 到 300ppi 或以上不等。

有些图像在拍摄的时候，可能会不小心将多余的场景纳入其中（如上述图像的右侧），这时就需要对图像进行裁剪。

【例 2-5】在 Photoshop 中裁剪图像。

（1）在 Photoshop 中打开光盘中的"悉尼歌剧院.jpg"文件。

（2）在工具箱中选择"裁剪"工具，从图像的左上角开始拖动鼠标到右下角，建立与图像同样大小的裁剪框。

（3）用鼠标将裁剪框右边的裁剪点向左移动到适当位置，如图 2-12 所示。

（a）建立裁剪框   （b）移动裁剪点

图 2-12   裁剪图像

（4）按 Enter 键确定裁剪，裁剪后的图像将多余的部分去除了，如图 2-13 所示。

图 2-13　裁剪后的图像

2.3.2　调整图像颜色

在实际工作中有些图像存在偏色、色彩不够饱和、图像不够清晰、图像过暗等问题，用户需要对图像色彩或亮度进行调整。颜色由色相、亮度和饱和度三个要素组成，这三个要素相互联系并且不可分割。

● 色相：光谱中显示出来的除黑、白、灰等非彩色的、能被人眼识别的其他颜色。
● 亮度：指颜色的明度和灰暗的程度（亮度最高是白色，最低是黑色）。
● 饱和度：指色相的浓度。

Photoshop 通过"图像"|"调整"菜单中的命令实现图像调整功能，包括图像的色相、亮度、饱和度与对比度等。

【例 2-6】在 Photoshop 中调整图像灰蒙蒙的效果。

（1）在 Photoshop 中打开光盘中的"桥.jpg"文件（该照片由于是在阴天拍摄的，由于采光不足，拍摄的图像是灰蒙蒙的）。

（2）选择"图像"|"调整"|"曲线"命令，打开如图 2-14 所示的"曲线"对话框，对话框中的斜线就是色彩曲线，默认情况下，它处于直线状态。

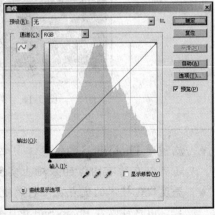

图 2-14　灰蒙蒙的图像和原始"曲线"对话框

注意

♦ Photoshop 将图像大致分成暗调、中间调和高光三个部分。

♦ "曲线"对话框中直线上、下方的两个端点分别对应图像的高光区域和暗调区域，直线的其余部分称为中间调。

（3）通过鼠标拉动曲线将色彩曲线调节为一个比较缓和的 S 形，可以增强图像的色彩饱和度，改变图像效果灰蒙蒙的情况，如图 2-15 所示。

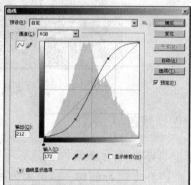

图 2-15　改善后的图像和"曲线"对话框

【例 2-7】在 Photoshop 中调整图像的亮度。

（1）在 Photoshop 中打开光盘中的"桥夜景.JPG"文件（该照片整体效果偏暗，并且图像的主体内容不够明显）。

（2）选择"滤镜"|"锐化"|"智能锐化"命令，在弹出的"智能锐化"对话框中设置参数，如图 2-16 所示。

图 2-16　"智能锐化"对话框

注意

♦ 滤镜是 Photoshop 的特色工具之一，通过滤镜不仅可以改善图像效果，掩盖缺陷，还可以在原有图像的基础上实现各种特技效果。

♦ 亮度锐化技术的优点在于它的锐化效果是针对图像的明度关系，而非图像的颜色关系。用户可以在 Photoshop 中比较"图像"|"调整"|"亮度/对比度"命令的效果。

（3）在"智能锐化"对话框中单击"确定"按钮，然后选择"编辑"|"渐隐智能锐化"命令，接下来在如图 2-17 所示的"渐隐"对话框中选择"滤色"模式。

图 2-17 "渐隐"对话框

（4）在"渐隐"对话框中单击"确定"按钮。这时，锐化操作提高了图像的亮度，但不会影响其颜色数据，如图 2-18 所示。

（a）原始图像　　　　　　　　　　　　　　（b）锐化图像

图 2-18 锐化滤镜

<table>
<tr><td>注意</td><td>◆ 对图像进行滤镜处理后，用户可以通过"消隐"命令调整和修改滤镜对图像作用的强度和效果。
◆ "消隐"命令必须紧跟在滤镜命令之后操作，它们之间不能有任何其他操作，否则消隐命令不可用。</td></tr>
</table>

【例 2-8】在 Photoshop 中，将彩色图像转换为高质量的单色图像。

（1）在 Photoshop 中打开光盘中的"鲜花.jpg"文件。

（2）选择"图像"|"模式"|"Lab 颜色"命令，将文件变成 Lab 模式。

（3）打开通道面板，看到 Lab 模式的明度、a、b 等三个通道。右击 a 通道，然后选择"删除通道"命令，剩下的明度通道和 b 通道变成 Alpha1 通道和 Alpha2 通道，如图 2-19 所示。

（4）右击 Alpha2 通道，然后选择"删除通道"命令，将彩色图像转换为高质量的单色图像。

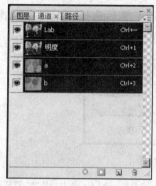　

（a）Lab 的三个通道　　　　　　　　　（b）剩下的两个通道

图 2-19　通道面板

注意

◆ 通道是 Photoshop 进行图像处理时不可缺少的工具，记录了图像的大部分信息。
◆ Lab 模式具有 L、a、b 三个单色通道和由它们混合的彩色通道，包括所有的颜色信息。L 代表亮度，a 代表从绿色到红色，b 代表从蓝色到黄色。

【例 2-9】利用 Photoshop 消除图像的红眼效果。

（1）在 Photoshop 中打开光盘中的"袋鼠.jpg"文件（该图像由于闪光灯打在视网膜上，反光引起"红眼"效果）。

（2）选择工具箱中的"红眼"工具，在选项栏中将"瞳孔大小"和"变暗量"参数分别设置为 50%。

（3）将鼠标移到图像中的红眼区域，单击即可消除红眼效果。消除红眼效果前后的图像如图 2-20 所示。

（a）消除前　　　　　　　　　　　（b）消除后

图 2-20　消除红眼

◆ "瞳孔大小"用于设置瞳孔中心的大小,"变暗量"用于设置瞳孔的暗度。
◆ 对于人像,除了可以使用 Photoshop 进行图像修复外,还可以使用一些专门的软件,如美图秀秀等,快速实现对照片的美化。

【例 2-10】利用"美图秀秀"软件消除人物图像面部的青春痘。

(1)在"美图秀秀"软件中打开光盘中的"青春痘.jpg"文件,如图 2-21 所示。

(2)选择"美容"选项卡中的磨皮工具,选择合适的画笔大小和画笔力度,在图像人物额头上擦除青春痘,效果如图 2-22 所示。

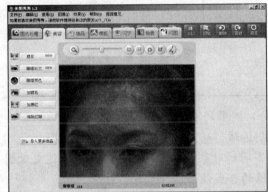 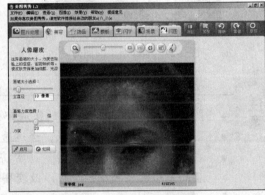

图 2-21　待处理的图像　　　　　　　　图 2-22　磨皮后的图像

(3)选择"图片处理"选项卡中的柔光效果,在图片微调工具中调节亮度、对比度和色彩饱和度,效果如图 2-23 所示。

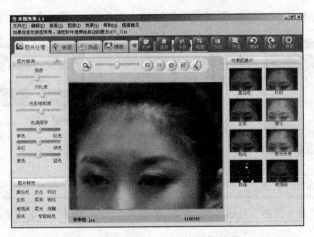

图 2-23　图片处理后的图像效果

2.3.3　添加图像特效

要在原有图像的基础上实现各种特技效果,图层、蒙版、滤镜是必不可少的工具。

【例 2-11】利用 Photoshop 软件制作景深效果。

（1）在 Photoshop 中打开光盘中的"景深效果.jpg"文件（该照片在拍摄时由于景深不当，导致背景凌乱，主体不突出，如图 2-24 所示）。

（2）在图层面板中拖动"背景"图层到"创建新的图层"按钮上，然后释放鼠标创建"背景 副本"图层，如图 2-25 所示。

图 2-24　景深不当的图像

图 2-25　创建背景副本

注意

- ◆ 图层是 Photoshop 最重要的组成部分，图层的应用使图像的编辑更加方便。
- ◆ 图层就像一张张透明的纸，透过透明区域，从上层可以看到下面的图层。
- ◆ 在处理较为复杂的图像时，通常将不同的对象放在不同的图层上，通过更改图层的先后次序和属性，可以改变图像的合成效果。

（3）选择"滤镜"|"模糊"|"高斯模糊"命令，在打开的"高斯模糊"对话框中设置调整半径，如图 2-26 所示。半径的值以背景完全模糊并且主体隐约可见为宜，完成设置后单击"确定"按钮。

（4）单击图层面板中的"添加图层蒙版"按钮，为"背景 副本"添加蒙版，如图 2-27 所示。

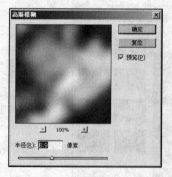

图 2-26　"高斯模糊"对话框

图 2-27　添加图层蒙版

注意

- ◆ 在 Photoshop 中，蒙版通常是一种透明的模板，覆盖在图像上，保护指定区域不受编辑操作的影响。
- ◆ 应用蒙版可以方便地选取图像，编辑图像渐隐效果。

（5）设置前景色为黑色，选择画笔工具，选择较大的画笔直径，用画笔在主体部分慢慢绘出人物的大体轮廓，然后选择较小的画笔直径，细致地绘出人物的轮廓，如图 2-28 所示。

图 2-28　改变景深后的图像

【例 2-12】利用 Photoshop 软件制作镜头光晕效果。

（1）在 Photoshop 中打开光盘中的"湖.tif"文件。

（2）选择"滤镜"|"渲染"|"镜头光晕"命令，在"镜头光晕"对话框中设置相应的参数，如图 2-29 所示。

图 2-29　镜头光晕滤镜

（3）单击"确定"按钮，完成特效处理，如图 2-30 所示。

（a）原始图像　　　　　　　　　　　（b）光晕特效

图 2-30　镜头光晕

注意

- ◆ Photoshop 滤镜分为两类，一类是自带的内置滤镜，另一类是外挂滤镜。
- ◆ 内置滤镜全部包含在"滤镜"菜单中，只要用鼠标单击相应的滤镜命令，然后在参数设置对话框中设置参数即可。
- ◆ 滤镜的种类繁多，用户可以自行尝试不同的滤镜，设置不同的参数，观察其效果，最后达到熟练使用滤镜的目的。

2.4　数字图像合成

数字图像合成指将两幅或两幅以上的图像合并成一幅图像，图像合成通常使用"图层"达到合成效果。

【例 2-13】利用 Photoshop 软件合成可爱的熊猫图像。

（1）在 Photoshop 中打开"熊猫.jpg"文件。

（2）选择"魔棒"工具，按住 Shift 键的同时单击熊猫以外的区域，获得选区，如图 2-31 所示。

图 2-31　获得选区

（3）选择"选择"|"反向"命令，将熊猫选中。

（4）选择"编辑"|"拷贝"命令，将熊猫图像复制到剪贴板。

（5）打开光盘中的"山川.jpg"文件。

（6）选择"复制"|"粘贴"命令，将熊猫图像粘贴到"山川.jpg"图像中，如图 3-32 所示。

图 2-32　粘贴熊猫

（7）选择"编辑"|"自由变换"命令，熊猫四周将出现 8 个矩形块。按住 Shift 键拖动矩形块，熊猫图像按比例缩放，将其调整到与背景和谐后，按 Enter 键确认变形，如图 3-33 所示。

图 2-33　合成图像

注意

◆ 从图层面板中可以看到，粘贴的熊猫图像在新的图层中。

◆ 图层与图层之间是覆盖的，上面的图层会遮住下面图层中的内容。

◆ 使用一些专门的软件（如美图秀秀、可牛影像等），可以快速实现图像合成。

【例 2-14】使用"美图秀秀"软件实现图像合成。

（1）在"美图秀秀"软件中打开"小孩.jpg"文件，然后单击"场景"选项卡，如图 2-34 所示。

（2）单击需要的场景，在如图 2-35 所示的"场景编辑"对话框中进行调整。

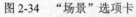

图 2-34　"场景"选项卡

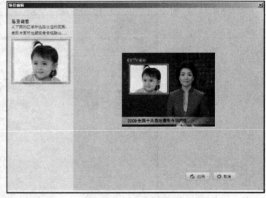

图 2-35　场景编辑

（3）调整完毕后，单击"应用"按钮，完成图像合成，如图 2-36 所示。

【例 2-15】使用"可牛影像"软件实现图像合成。

（1）在可牛影像中打开"小孩.jpg"文件，单击"场景与日历"选项卡，如图 2-37 所示。

图 2-36   合成图像

图 2-37   "场景与日历"选项卡

（2）选择"添加多维日历"，在如图 2-38 所示的对话框中调整日历的位置与大小。

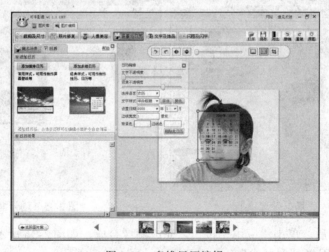

图 2-38   多维日历编辑

（3）调整完毕后，单击图像的任意位置，完成图像合成，如图 2-39 所示。

图 2-39　合成图像

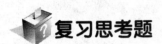复习思考题

一、填空题

（1）_____是多媒体中最基本的要素，是人类对视觉感知的物质再现，通常包括_____和_____。

（2）根据采样数目及特性的不同，位图可以划分为_____、_____和_____。

（3）目前比较流行的图像格式包括位图图像_____、_____、_____、_____等；矢量图像_____、_____等。

（4）Windows 画图软件使用的文件格式是_____；支持动画图像，被 Internet 上几乎所有 Web 浏览器都支持的图像文件格式是_____；在网络中被广泛使用，具有较好的图像保真度和较高的压缩比的文件格式是_____。

（5）在 Photoshop 中，通过_____、_____、_____、_____、_____等工具，用户可以实现图像绘制、图像修复以及图像合成等功能。

（6）使用 Photoshop CS3 工具箱中的_____、_____等工具可以实现位图的绘制。使用_____、_____等工具可以绘制矢量图。

二、简答题

（1）简述位图和矢量图的区别。

（2）计算一幅 256 色，800×600 像素的图像数据量。

（3）简述无损压缩和有损压缩。

（4）调整图像大小的方法有哪两种？区别是什么？

（5）颜色由哪三个要素组成？

（6）为什么有些照片会有红眼效果？

（7）简述图层的作用。

（8）简述蒙版的作用。

三、操作题

（1）上网了解常见的图像处理软件并对它们的功能进行比较。

（2）使用多款软件为图像添加邮票边框效果，并进行比较。

（3）使用多款软件对大小、色彩、清晰度等方面存在瑕疵的图像进行修复，并进行比较。

（4）使用多款软件为数字图像添加特效，并进行比较。

（5）使用多款软件实现图像合成，并进行比较。

（6）精选 12 幅照片，制作月历。

第3章　动画处理技术与应用

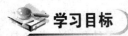

学习目标

本章将重点介绍动画的基础知识，以及 GIF 动画、Flash 动画的制作方法。

学习要求

- 了解：动画的基本概念；动画的分类；动画制作软件。
- 掌握：利用 GIF Animator、Adobe Flash CS3、Ulead COOL 3D 制作动画的方法。

传统动画通过在连续多格的胶片上拍摄一系列单个画面，从而产生动态视觉；计算机动画则是在传统动画的基础上，采用连续播放静止图像的方法产生景物运动的效果。

3.1　基础知识

与电影、电视相同，动画也是利用人类的"视觉暂留"特性，即人的眼睛看到一幅画或一个物体后，在 1/24 秒内不会消失。利用这一原理，以每秒 15～20 帧的速度连续播放一系列静止图像帧，在一幅画面还没有消失前播放出下一幅画面，造成一种流畅的视觉变化效果。

早在 1831 年，法国人 Joseph Antoine Plateau 把画好的图片按照顺序放在一部机器的圆盘上，圆盘可以在机器的带动下转动。这部机器还有一个观察窗，用来观看活动图片效果。在机器的带动下，圆盘低速旋转。圆盘上的图片也随着圆盘旋转。从观察窗看过去，图片似乎动了起来，形成动的画面，这就是传统动画的雏形。

计算机动画是指采用图形与图像的处理技术，借助于编程或动画制作软件生成一系列的景物画面，其中当前帧是前一帧的部分修改。本节将简单介绍计算机动画的分类和制作软件。

3.1.1　动画分类

动画的分类没有一定之规。从制作技术和手段看，动画可分为以手工绘制为主的传统动画和以计算机为主的电脑动画。按动作的的表现形式来区分，动画可以大致分为接近自然动作的"完善动画"（动画电视）和采用简化、夸张的"局限动画"（幻灯片动画）。从播放效果上看，动画可以分为顺序动画（连续动作）和交互式动画（反复动作）。

注意

- ◆ 从每秒播放的幅数来讲，还有全动画（每秒 24 幅）和半动画（少于 24 幅）。
- ◆ 从空间的视觉效果上看，动画又可分为平面（二维）动画和三维动画。

1. 二维动画

二维动画制作与传统动画制作比较类似，都是对手工传统动画的一个改进。通过输入和编辑关键帧、计算和生成中间帧、定义和显示运动路径、为画面上色渲染、制作音响特效等步骤实现的计算机动画与传统动画相比，在影像效果上有非常巨大的改进，在制作时间上相对有所缩短。

2. 三维动画

三维动画也称为3D动画，是近年来随着计算机软硬件技术的发展而产生的新兴技术。三维动画软件在计算机中先建立一个虚拟的世界，设计师在这个虚拟的三维世界中按照要表现对象的形状、尺寸建立模型，再根据要求设定模型的运动轨迹、虚拟摄影机的运动和其他动画参数，最后按要求为模型赋上特定的材质，并打上灯光。当这一切完成后就可以让计算机自动运算，生成最后的画面。

三维动画技术由于模拟真实物体的精确性、真实性和可操作性，被广泛应用于医学、教育、军事、娱乐等诸多领域。在影视广告制作方面，三维动画用于广告和电影电视剧的特效制作（如爆炸、烟雾、下雨、光效等）、特技（撞车、变形、虚幻场景或角色等）、广告产品展示、片头飞字等。

3.1.2　动画制作软件

著名的 3D 动画制作软件包括 3DS MAX 和 Maya 等。互联网上主流的二维动画格式包括位图 GIF 与矢量 Flash。

1. GIF 动画制作软件

图片是网站必不可少的元素，尤其是 GIF 动画（如不断旋转的 Welcome，以及风格各异的广告 Banner 等），可以让原本呆板的网站变得栩栩如生。在 Windows 操作系统中，制作 GIF 动画有许多工具，其中著名的有 Ulead 公司的 GIF Animation、Adobe 公司的 ImageReady 等。

GIF Animator 是一种专门的动画制作程序，利用它用户可以很轻松方便地制作出所需要的动画。最新版本 GIF Animator 5.0 又添加了不少可以即时套用的特效以及优化 GIF 动画图片的选项，目前常见的图像格式均能够被顺利导入，并能够保存为 Flash 文件。此外，GIF Animator 还有很多经典的动画效果滤镜，只要输入一幅图片，GIF Animator 软件就可以自动套用动画模式，将其分解成数幅图片，制作成动画。

ImageReady 是基于图层来建立 GIF 动画的软件，该软件能自动划分动画中的元素，并能将 Photoshop 中的图像用于动画帧。ImageReady 具有非常强大的 Web 图像处理能力，可以创作富有动感的 GIF 动画或有趣的动态按键。

2. Flash 动画制作软件

HTML 语言的功能十分有限，无法达到人们的预期目标，实现令人耳目一新的动态效果。在这种情况下，各种脚本语言应运而生，使得网页设计更加多样化。然而，程序设计总是不能很好地普及，因为它要求有一定的编程能力，而人们更需要一种既简单直观又功能强大的动画设计工具，Flash 的出现正好满足了这种需求。

◆　Flash 是 Macremedia 公司于 1999 年 6 月推出的优秀网页动画设计软件。它是一种交互式动画设计工具，可以将音乐、声效、动画以及富有新意的界面融合在一起，制作出高品质的网页动态效果。

3.2　GIF 动画制作

GIF 动画是由一幅幅静止画面按先后顺序连续显示的结果。在制作 GIF 动画前，要先把每一幅静止画面（帧）做好，然后再把它们按照一定的规则连起来，再定义帧与帧之间的时间间隔，最后保存为 GIF 格式。

使用 GIF Animator 5 中文版的动画向导，用户可以非常方便地实现 GIF 动画制作，下面将通过一个简单的实例详细介绍其过程。

【例 3-1】利用 GIF Animator 5 制作简单的动画。

（1）启动 GIF Animator 后，单击如图 3-1 所示"启动向导"对话框中的"动画向导"按钮。

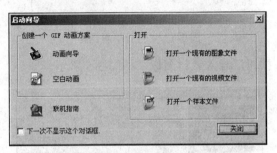

图 3-1　"启动向导"对话框

（2）在弹出的"动画向导－设置画布尺寸"对话框中，根据动画中每帧图像大小选择 GIF 动画尺寸为 275×206 像素，如图 3-2 所示。

图 3-2　选择 GIF 动画尺寸

（3）单击"下一步"按钮，打开"动画向导－选择文件"对话框，如图 3-3 所示。

图 3-3　"选择文件"对话框

（4）单击"添加图像"按钮，然后同时选择 4 个图像文件（动画中的 4 帧），如图 3-4 所示。

图 3-4　"打开"对话框

（5）单击"打开"按钮，导入素材图像，如图 3-5 所示。

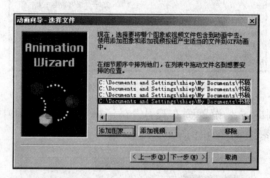

图 3-5　导入素材图像

（6）单击"下一步"按钮，打开如图 3-6 所示的"动画向导—画面帧持续时间"对话框。接下来设置每个帧的延迟时间和帧速率。

图 3-6　设置帧的延迟时间和帧速率

注意

◆　在如图 3-6 所示对话框中的参数栏内填入的数值要除以 100 才是真正的延迟时间。

（7）单击"下一步"按钮，然后单击"完成"按钮，一个简单的 GIF 动画制作完毕。

（8）在如图 3-7 所示的 GIF Animator 软件主界面中选择"查看"|"播放动画"命令或单击左下方的 "播放动画"按钮，预览动画效果。

（9）预览发现画面切换时间太快，选择第 1 帧，按下 Shift 键后单击第 4 帧，将全部帧选中。右击鼠标，在弹出的菜单中选择"画面帧属性"命令，然后在打开的"画面帧属性"对话框中修改延迟时间参数，如图 3-8 所示。

图 3-7　预览 GIF 动画　　　　　图 3-8　"画面帧属性"对话框

（10）单击"确定"按钮，然后选择"文件"|"另存为"|"GIF 文件"命令，将文件保存为"澳洲风光.gif"文件。

注意　　◆　在本例中，除了可以将文件保存为 GIF 格式外，还可以保存为 Ulead 的 UGA、Photoshop 的 PSD、JPG、PNG 等其他图像文件格式，或 AVI、MPG、FLC 等视频格式，以及 Flash 的 SWF 动画文件格式。

【例 3-2】利用 GIF Animator 软件，制作屏幕移动效果。

（1）启动 GIF Animator 软件后，选择"文件"|"动画向导"命令，然后在打开的"动画向导－设置画布尺寸"对话框中，设置 GIF 动画尺寸为 200×100 像素，并单击"下一步"按钮。

注意　　◆　由于制作动画的原始图像尺寸为 275×206，要实现屏幕移动效果，动画的尺寸必选小于图像尺寸，其大小可以根据实际需要设置。

（2）在"动画向导－选择文件"对话框中单击"添加图像"按钮，在打开的"打开"对话框中选择文件 au4.jpg，然后单击"打开"按钮。这时，系统返回"动画向导－选择文件"对话框。在"动画向导－选择文件"对话框中连续单击"下一步"按钮，一直到最后单击"完成"按钮，关闭该对话框。接下来，在主界面中调整动画画面的初始位置，如图 3-9 所示。

（a）原始图像

（b）初始画面

图 3-9   原始图像与动画中的初始画面

（3）选择"帧"|"添加帧"命令（或在帧面板中单击"添加帧"按钮），添加第 2 帧；在对象管理器面板中单击"显示/隐藏对象"按钮使之出现"眼睛"图标，如图 3-10 所示。稍微移动一下图像，使其与第 1 帧图像有些变化，以便实现屏幕移动效果。

（a）帧面板

（b）对象管理器面板

图 3-10   添加帧

（4）重复步骤（3）的操作两次，添加第 3 帧和第 4 帧，并分别移动图像，如图 3-11 所示。

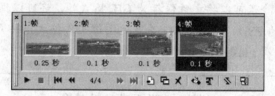

图 3-11   动画的 4 帧

（5）单击第 1 帧，按住 Shift 键单击第 4 帧，选中全部 4 帧。右击鼠标，在弹出的菜单中选择"画面帧属性"命令，然后在打开的对话框中将延迟时间参数设置为 30。

（6）单击第 1 帧，选择"帧"|"在…中间"命令（或右击第 1 帧，执行"两者之间"命令），然后在打开的 Tween 对话框中参考如图 3-12 所示进行设置。

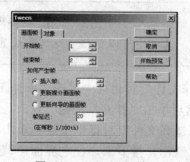

图 3-12   Tween 对话框

> ◆ 在 Tween 对话框中设置开始帧为 1，结束帧为 2，插入帧为 5，表示在第 1 帧与第 2 帧之间插入 5 帧。

（7）单击第 7 帧，然后参考以上操作步骤，将开始帧设为 7，结束帧设为 8。

（8）单击第 13 帧，然后参考以上操作步骤，将开始帧设为 13，结束帧设为 14。

（9）将第 1 至第 19 帧全部选中，然后右击鼠标，在弹出的菜单中选择"相同的帧"命令。接下来再次右击鼠标，在弹出的菜单中选择"反向帧顺序"命令，并在打开的"相反帧顺序"对话框中选中"选定帧相反顺序"按钮，如图 3-13 所示。

图 3-13 "相反帧顺序"对话框

（10）单击"确定"按钮，完成动画制作，然后保存文件为 Perth.gif。

【例 3-3】利用 GIF Animator 软件制作动态文字效果。

（1）启动 GIF Animator 后，选择"文件"|"打开图像"命令，打开文件 au2.jpg。

（2）选择"帧"|"添加条幅文本"命令（或在帧面板中单击"添加文本条"按钮），打开"添加文本条"对话框。

（3）在"添加文本条"对话框的文本框中输入文字，并设置其字体、大小、颜色等参数。

（4）选择"效果"选项卡，然后在"进入场景"选项区域中选择"水平合并"选项，在"退出场景"选项区域中选择"放大"选项，如图 3-14 所示。

（5）选择"画面控制帧"选项卡，然后选中"分配到画面帧"复选框。

（6）选择"霓虹"选项卡，然后参考图 3-15 所示进行相应参数的设置。

图 3-14 选择文字效果

图 3-15 设置霓虹效果

（7）完成以上设置后单击"确定"按钮，完成动态文字的制作，并将文件保存为 KingPark.gif。

◆　以上参数的设定可以根据个人的喜好进行任意设置。

◆　设置完成后可以通过单击"开始预览"按钮查看效果。

【例3-4】利用 GIF Animator 软件设置图形变化效果。

（1）启动 GIF Animator 软件后，选择"文件"|"打开图像"命令，打开文件 au1.jpg。

（2）选择"视频 F/X"|Film|Turn Page-film 命令，打开"添加效果"对话框，如图3-16所示。

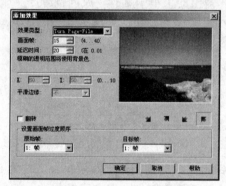

图 3-16　"添加效果"对话框

（3）在"添加效果"对话框中将"延迟时间"设置为 20，然后单击"确定"按钮，完成图形变化效果的设置。

◆　在"添加效果"对话框的"效果类型"下拉列表框中，用户可以为图形设置各种动画效果。

◆　只要输入一幅图片，GIF Animator 就可以自动套用动画效果，并将其分解成数幅图片，制作成动画。

3.3　Flash 动画制作

Flash CS3 是优秀的矢量动画编辑软件，它是 Adobe 和 Macromedia 整合后的软件版本。利用该软件制作的动画尺寸要比位图动画文件（如 GIF 动画）的尺寸小得多，并且不仅可以在动画中加入声音、视频和位图图像，还可以制作交互式的影片或者具有完备功能的网站。

Flash 动画的三大基本功能包括绘图和编辑图形、补间动画和遮罩。Flash 动画说到底就是"遮罩+补间动画+逐帧动画"与元件（主要是影片剪辑）的混合物，通过这些元素的不同组合，创建千变万化的效果。

3.3.1　补间动画

在传统的动画制作过程中，动画的每一帧都要单独绘制，这种绘制动画的方法在 Flash 中称为逐帧动画。补间动画是利用关键帧处理技术的插值动画，是整个 Flash 动画设计的核心，也是 Flash 动画的最大优点。

补间是"在中间"的简称。逐帧动画的每个帧都是关键帧，补间动画只在重要位置定义关键帧，而两个关键帧之间的内容由 Flash 通过插值的方法自动计算生成。

补间动画包括形状补间和动画补间两种形式，它们的主要区别在于：形状补间针对非元件并且未组合的对象，动画补间针对组合对象或元件。

【例 3-5】在 Flash CS3 中设置形状补间动画。

（1）启动 Flash CS3 后，新建一个 Flash 文件。选择"修改"|"文档"命令，打开"文档属性"对话框，如图 3-17 所示。

图 3-17　"文档属性"对话框

（2）在"文档属性"对话框中设置 Flash 文档"尺寸"为 260×100 像素，"背景颜色"为浅蓝色后，单击"确定"按钮。

（3）在工具栏中单击"文本"工具，在场景中输入 Adobe。接下来选中输入的文字，在属性面板中将文字颜色设置为红色、大小设置为 80。

（4）在工具栏中单击"选择"工具，然后利用该工具将文字调整到场景居中的位置，如图 3-18 所示。

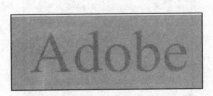

图 3-18　调整文字大小颜色位置

（5）再次选中输入的文字，然后连续选择"修改"|"分离"命令两次。

注意

◆　群组、组件、字符、位图图像等不能直接实现形状补间动画，所以要通过执行"分离"命令将字符打散。

（6）单击时间轴上第 20 帧，然后按 F7 键，插入一个空白关键帧，如图 3-19 所示。

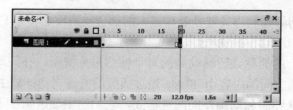

图 3-19　时间轴中的空白关键帧

 注意
　　◆　在时间轴中，有内容的关键帧前面是实心圆点，空白的关键帧前面是空心圆点。

　　（7）参考步骤（3）～（5）的操作，将输入文字改为 Flash，其他相同。

　　（8）单击第 1 帧，在属性面板的"补间"下拉列表中选择"形状"选项，设置形状补间动画，如图 3-20 所示。此时，时间轴上帧之间显示实心箭头，如图 3-21 所示。

图 3-20　属性面板中设置形状补间动画

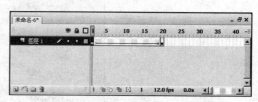

图 3-21　时间轴中的实心箭头

　　（9）将文件保存为"形状补间.fla"。选择"控制"｜"测试影片"命令（或按 Enter 键），查看动画播放效果。

　　（10）选择"文件"｜"发布设置"命令，打开"发布设置"对话框，如图 3-22 所示。

图 3-22　"发布设置"对话框

　　（11）在"发布设置"对话框中，选择所要发布的文件类型并在相应的选项卡中进行设置。完成设置后单击"发布"按钮，动画即被发布，这时在 Flash 源文件所在的目录中可以看到发布后的文件。

在 Flash 选项卡中，可以设置播放器的版本号、加载顺序和 ActionScript 版本。
在 GIF 选项卡中，必须将"回放"设定为"动画"，否则将只能看到某个关键帧的静止图像。

【例 3-6】在 Flash CS3 中设置动画补间。

（1）启动 Flash CS3 后，选择"文件"|"导入"|"导入到舞台"命令，导入 au1.jpg 文件。

（2）单击选中舞台上的图像，然后选择"修改"|"转换为元件"命令，打开"转换为元件"对话框，如图 3-23 所示。

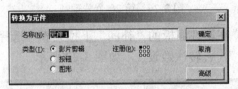

图 3-23 "转换为元件"对话框

（3）在"转换为元件"对话框的"类型"选项区域中选择"图形"单选按钮，此时图像左上角出现符号"+"，表示已将图像转化为元件，并保存在库中，如图 3-24 所示。

图 3-24 图像转化为元件

Flash 中的许多对象都是以独立物体出现的，这些物体在整个影片中可能出现不止一次。
在影片中建立两个相同的对象会增加影片体积，做成元件可以重复使用。

（4）将工作区缩放到合适大小，然后把图像拖到舞台左上角的外侧，如图 3-25 所示。

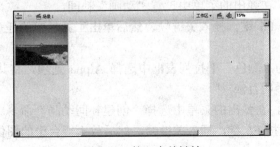

图 3-25 第 1 个关键帧

（5）单击选中第 20 帧，右击鼠标，在弹出的菜单中选择"插入关键帧"命令。将图像从舞台左上角外侧拖到舞台右下角，如图 3-26 所示。

图 3-26　第 20 个关键帧

（6）单击选择第 1 帧。在属性面板的"补间"下拉列表中选择"动画"选项，在"旋转"下拉列表框中选择"顺时针"，旋转次数设 1，如图 3-27 所示。

图 3-27　动画补间

（7）在 40 帧处按 F6 键插入关键帧，然后将图像拖入舞台中央。

（8）单击工具栏中的任意变形工具，这时，在图像周围将显示 8 个方块，可以拖动这些方块使图像与舞台同样大小，如图 3-28 所示。

图 3-28　第 40 帧关键帧

（9）右击第 20 帧，在弹出的菜单中设置"动画"补间。

（10）在 60 帧处按 F6 键，插入关键帧，然后单击工具栏中的任意变形工具，调整图片变小。

（11）在属性面板的"颜色"下拉列表框中选择 Alpha 选项，将其值修改为 20%，如图 3-29 所示，使图像变得透明且淡。

（12）右击第 40 帧，在弹出的菜单中选择"创建补间动画"命令。

（13）在第 80 帧处按 F6 健，插入关键帧，然后放大舞台中的图像并将其透明度设置为 100%。

图 3-29　设置透明度

（14）右击第 60 帧，在弹出的菜单中选择"创建补间动画"命令。

（15）在第 100 帧处按 F5 键，插入帧。选择"控制"|"测试影片"命令，这时可以看到影片在最后停顿了 20 帧的时间。

◆　注意"控制"|"播放"与"控制"|"测试影片"命令在效果及是否产生 swf 文件方面的差别。

（16）完成以上操作后，将保存文件为"动画补间.fla"。

3.3.2　遮罩动画

遮罩是 Flash 动画创作中不可缺少的，它是 Flash 动画设计三大基本功能中的一个亮点。使用遮罩配合补间动画，可以创建丰富多采的动画效果，例如图像切换、火焰背景文字等。

遮罩层的功能就像一个蜡版，当用户将蜡版放在一个表面并在该表面涂抹颜料时，颜料只会涂在没有被蜡版遮掩住的地方，其他地方则被隔开或被遮掩住。

【例 3-7】遮罩动画。

（1）启动 Flash CS3 后，新建一个 Flash 文档，选择"修改"|"文档"命令，在出现的"文档属性"对话框中设置尺寸为 400×100。

（2）选择"文本"工具，在"属性"面板中设置字体为宋体，大小为 90，颜色为黑色。

（3）单击舞台，输入文字"欢迎光临"，调整文字位置，使其在舞台中央。

（4）单击时间轴左下角的"插入图层"按钮，新建"图层 2"。

（5）单击工具栏中的"椭圆"工具，按住 Shift 键在舞台上绘制一个与单个文字大小相仿的圆形，使其刚好遮住一个字，如图 3-30 所示。

图 3-30　遮罩层中的对象－圆

注意

◆ 按住 Shift 键可以绘制正圆、正方形、正多边形。

◆ 遮罩层中的对象（圆）可以看作是透明的，其下被遮罩层中的对象（文字）在遮罩层对象的轮廓内可见。

（6）单击工具栏中的"选择"工具，选中绘制的圆，选择"修改"|"转换为元件"命令，将其转换为"图形"元件。

（7）右击"图层 2"，在弹出的菜单中选择"遮罩层"命令，此时"图层 1"和"图层 2"被自动锁定，只有圆下面的文字显示，其他文字被遮盖，如图 3-31 所示。

图 3-31　被遮罩层中的对象－文字

（8）单击时间轴上的"锁定"图标，解除对图层的锁定。

（9）在"图层 2"的第 10 帧和第 20 帧处分别按 F6 键，插入关键帧。

（10）单击选中"图层 2"的第 10 帧，然后将舞台中的圆拖到场景的最右端。

（11）单击时间轴上的"锁定"图标，锁定图层。

（12）右击"图层 2"的第 1 帧，在弹出的菜单中选择"创建补间动画"命令。右击"图层 2"的第 10 帧，在弹出的菜单中选择"创建补间动画"命令。

（13）右击"图层 1"的第 20 帧，在弹出的菜单中选择"插入帧"命令。

（14）选择"测试"|"播放"命令，显示具有探照灯效果的遮罩动画，如图 3-32 所示。

图 3-32　遮罩效果

（15）完成以上操作后，将文件保存为"遮罩动画.fla"。

3.4　三维动画制作

Ulead COOL 3D 是友立公司开发的一款三维动画制作软件，该软件拥有强大方便的图形和标题设计工具、丰富的动画特效、整合的输出功能，可以输出静态图像、动画、视频或 Flash 格式，为简报、视频和 Web 创建极具冲击力的、动态的三维标题和图形。下面将通过具体的实例，介绍 Ulead COOL 3D 软件的使用方法。

【例 3-8】利用 Ulead COOL 3D 制作三维文字。

（1）启动 Ulead COOL 3D 3.5 中文版后，选择"图像"|"尺寸"命令，在打开的"尺寸"对话框中设置合适的文档尺寸，如图 3-33 所示。

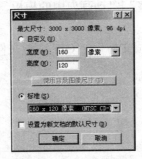

图 3-33　"尺寸"对话框

（2）选择"编辑"|"插入文字"命令（或在"对象"工具栏中单击"插入文字"按钮），在打开的"Ulead COOL 3D 文字"对话框中输入文字，并设置其字体和大小，如图 3-34 所示。

（3）在百宝箱中选择"斜角特效"|"边框"中的模板，然后双击该模板，将其应用到文字上，如图 3-35 所示。

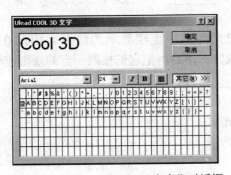

图 3-34　"Ulead COOL 3D 文字"对话框

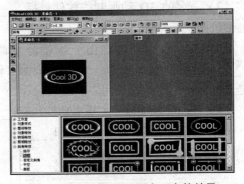

图 3-35　百宝箱及视图窗口中的效果

注意

◆ 百宝箱中存放了很多现成的模板，包括色彩、相机角度、动画、纹理、背景等，用户可以直接应用。使用时，只要直接在选择的模板上双击，或将模板拖到视图窗口即可。

◆ 斜角特效可以在文字周围创建底板或边框等效果。

（4）分别在百宝箱中选择"对象特效"、"整体特效"、"转场特效"、"照明特效"中的模板，并双击选择的模板，将其应用到文字上。接下来，单击动画工具栏中的"播放"按钮，观看动画效果，并选择最终所需的效果。

注意

◆ 对象与整体特效可以创建舞蹈、跳跃、旋转等动作的动态文字和标题，对象特效应用至视图中的单词或个别的字符上，整体特效应用至整个场景。

◆ 转场特效通过跳跃、碰撞或炸开将一个对象换成其他对象。

◆ 照明特效提供各种照明效果。

（5）在百宝箱中选择"工作室"|"动画"中的模板，然后双击选中的模板，将其应用到文字上，添加动画效果。

（6）选择"文件"|"创建动画文件"|"GIF 动画文件"命令，保存文件。

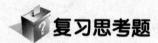

复习思考题

一、填空题

（1）从制作技术和手段看，动画可分为以手工绘制为主的_____和以计算机为主的_____。按动作的的表现形式来区分，动画可以大致分为接近自然动作的_____和采用简化、夸张的_____。从播放效果上看，动画可以分为_____和_____。从每秒播放的幅数来讲，还有_____和_____。从空间的视觉效果上看，动画又可分为_____和_____。

（2）著名的 3D 动画制作软件包括_____和_____等。互联网上主流的二维动画格式包括位图_____与矢量_____。

（3）_____动画是由一幅幅静止画面按先后顺序连续显示的结果。因此在制作_____动画前，要先把每一幅静止画面（帧）做好，然后再把它们按照一定的规则连起来，再定义帧与帧之间的时间间隔，最后保存为_____格式。

（4）Flash 动画的三大基本功能包括_____、_____和_____。

（5）补间动画包括_____和_____两种形式。

二、简答题

（1）简述计算机动画与传统动画的不同。

（2）解释动画与视觉暂留的关系。

（3）什么是补间动画？

（4）形状补间和动画补间的区别是什么？

（5）简述遮罩层的功能，遮罩层与被遮罩层的关系。

三、操作题

（1）精选自己的照片多幅，使用 GIF Animation 制作 GIF 逐帧动画。

（2）尝试使用 Photoshop 中的 ImageReady 制作上题的 GIF 逐帧动画。

（3）使用 GIF Animation 制作一幅风景图像屏幕移动效果的 GIF 动画。

（4）使用 GIF Animation 在图像上实现动态文字效果。

（5）使用 GIF Animation 的自动套用动画效果，将一幅图像分解成若干幅图像，并制作成动画。

（6）使用 Adobe Flash CS3 制作补间动画。

（7）使用 Adobe Flash CS3 制作遮罩动画。

（8）使用 Ulead COOL 3D 制作三维字幕。

第 4 章　视频处理技术与应用

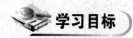

学习目标

本章将重点介绍视频的基础知识，帮助用户了解视频文件的后期处理方法。

学习要求

- **了解**：视频的基本概念；数字视频的发展；常见的文件格式。
- **掌握**：数字视频捕获；数字视频格式转换；数字视频编辑；数字相册制作。

动画和视频都是动态图像，当其中的每帧图像是由人工或计算机产生时，常称为动画，当每帧图像是通过实时摄取自然景象或活动对象产生时，常称为视频。

4.1　基础知识

视频技术泛指将一系列的静态影像以电信号方式加以捕捉、记录、处理、存储、传送与重现的各种技术。视频技术最早是从电视系统的建立而发展起来的，从早期的模拟视频（模拟电视）到现在的数字视频，视频技术所包括的范畴越来越大了。

随着电子器件的发展，尤其是各种图形、图像设备和语音设备的问世，计算机逐渐进入多媒体时代，具备了采集、存储、编辑和发送数字视频的能力。

4.1.1　数字视频的发展

数字视频的发展主要是指在个人计算机上的发展，大致分为初级、主流和高级几个历史阶段。

数字视频发展的初级阶段的主要特点是在台式计算机上增加简单的视频功能，用户可以利用计算机处理活动画面。但是由于设备还未能普及，只面向视频制作领域的专业人员，普通计算机用户无法在自己的计算机中实现视频功能。

数字视频发展的第二个阶段为主流阶段，这个阶段数字视频在计算机中被广泛应用，成为主流。

早期数字视频的发展没有人们期望的那么快，这是因为数字视频的数据量非常之大，1 分钟满屏的真彩色数字视频需要 1.5GB 的硬盘存储空间，而早期一般台式计算机配备的硬盘容量平均大约为几百兆，无法胜任如此大的数据量。

虽然处理数字视频很困难，但它所带来的诱惑促使人们采用折衷的方法：用计算机捕获单帧视频画面，并以一定的文件格式存储起来，利用图像处理软件进行处理，使在计算机上观看活动的视频成为可能（这样，虽然画面时断时续，但毕竟是动了起来）。而最有意义的突破在于计算机有了捕获活动影像的能力，可以将视频捕获到计算机中，用户随时可以从硬盘上播放视频文件。

能够捕获视频得益于数据压缩方法，数据压缩方法有纯软件压缩和硬件辅助压缩两种。纯软件压缩方便易行，只用一个小窗口即可显示视频，而硬件压缩花费较高，但速度快。

压缩使得将视频数据存储到硬盘上成为可能，存储 1 分钟的视频数据只需 20MB 的硬盘空间而不是 1.5GB，所需存储空间的比例是 1:75。

数字视频发展的第三阶段是高级阶段，在这一阶段，普通个人计算机进入了成熟的多媒体计算机时代。各种计算机外设产品日益齐备，视频、音频处理硬件与软件技术高度发达，越来越多的个人也利用计算机制作自己的视频电影。

◆　2000 年以来，在大多数发达国家，数字电视（包括高清晰度电视）逐渐普及起来。在窄带应用方面，应用于移动电话的视频通信，商用的视频电话、视频会议都有了成熟的产品，在因特网上的流式视频和点对点视频传输也都是数字视频应用的热点。

4.1.2　视频文件的格式

未经压缩的数字视频数据量对于目前的计算机和网络来说，无论是存储或传输都是不现实的，因此在多媒体中应用数字视频的关键问题是数字视频的压缩技术，不同的压缩方法产生了不同的视频文件。

1. MPEG 文件格式

MPEG（Motion Picture Experts Group）是由国际标准组织（International Organization for Standardization，ISO）与国际电工委员会（International Electrotechnical Commission，IEC）于 1988 年联合成立的，其目标是致力于制定数码视频图像及其音频的编码标准。MPEG 不仅代表了运动图像专家组，还代表了这个专家组织所建立的标准编码格式，这也是 MPEG 成为视频格式名称的原因。这类格式是影像阵营中的一个大家族，也是我们平常见到的最普遍的视频格式之一，包括 MPEG-1、MPEG-2、MPEG-4、DivX 等多种视频格式。

- MPEG-1 广泛应用在 VCD 的制作和视频片段下载的网络应用上，大部分的 VCD 都是用 MPEG-1 格式压缩的（刻录软件自动将 MPEG-1 转为 DAT 格式），使用 MPEG-1 压缩算法，可以将一部 120 分钟的电影压缩到 1.2GB 左右。

- MPEG-2 的应用包括 DVD 的制作、HDTV（高清晰电视广播）和一些高要求视频编辑处理。使用 MPEG-2 压缩算法压缩一部 120 分钟的电影，可以将其压缩到 5～8GB（图像质量远远高于 MPEG-1）。

- MPEG-4 最有吸引力的地方在于它能够保存接近于 DVD 画质的小体积视频文件。但是，与 DVD 相比，由于 MPEG-4 采用的是高比率有损压缩的算法，所以图像质量根本无法和 DVD 的 MPEG-2 相提并论，所以 MPEG-4 在对图像质量要求较高的视频领域内还不适用。

- DivX 是由 DivX Networks 公司开发的视频格式，即通常所说的 DVDRip 格式。DivX 基于 MPEG-4 标准，可以把 MPEG-2 格式的多媒体文件压缩至原来体积的 10%。它采用 DivX 压缩技术对 DVD 盘片的视频图像进行高质量压缩，同时用 MP3 或 AC3 对音频进行压缩，然后再将视频与音频合成，并加上相应的外挂字幕文件形成视频格式。

2. AVI、ASF 和 WMV 文件格式

AVI（Audio Video Interleaved）是一种"历史悠久"的视频格式，这种视频格式的优点是调用方便、图像质量高，缺点是文件体积过于庞大。

ASF（Advanced Streaming Format）是 Microsoft 公司为了同 Real Player 竞争而发展出来的一种可以直接在网上观看视频节目的文件压缩格式。ASF 格式使用了 MPEG-4 的压缩算法，压缩率和图像的质量都较好（它的图像质量比 VCD 差一点，但比同是视频"流"格式的 RM 格式要好）。

WMV（Windows Media Video）是 ASF 格式的升级，是一种在 Internet 上实时传播多媒体的技术标准。在同等视频质量下，WMV 格式的体积非常小，因此很适合在网上播放和传输。

注意

◆ 有一种新的 AVI 文件，即 New AVI（简称 n AVI），是一个名为 Shadow Realm 的地下组织发展起来的一种新视频格式，它是由 Microsoft ASF 压缩算法修改而来的，具有较高的压缩率和图像质量。

3. RM、RMVB 文件格式

RM（Real Media）是 Real Networks 公司制定的音频、视频压缩规范，使用 Real Player 能够利用 Internet 资源对这些符合 Real Media 技术规范的音频、视频进行实况转播。RM 格式一开始就定位在视频流应用方面，是视频流技术的创始者，它可以在用 56K Modem 拨号上网的条件下实现不间断的视频播放，其图像质量比 VCD 差些。RM 格式与 ASF 格式相比各有千秋，通常 RM 视频更柔和一些，而 ASF 视频则相对清晰一些。

RMVB（Real Media Variable Bitrate）是由 RM 视频格式升级延伸出的新视频格式，它打破了原先 RM 格式那种平均压缩采样的方式，在保证平均压缩比的基础上合理利用比特率资源，就是说在静止或动作场面少的画面场景下采用较低的编码速率，这样就可以留出更多的带宽空间，供快速运动的画面场景使用。这样，在保证了静止画面质量的前提下，大幅提高了运动图像的画面质量，使图像质量与文件大小之间达到了微妙的平衡。此外，相对于 DVDRip 格式，RMVB 视频也有较明显的优势：一部大小为 700MB 左右的 DVD 影片，如果将其转录成同样视听品质的 RMVB 格式，其大小最多也就 400MB 左右。除此之外，RMVB 视频格式还具有内置字幕和无需外挂插件支持等独特优点。

4. MOV 文件格式

MOV（Movie Digital Video Technology）是 Apple 公司创立的视频文件格式，由于该格式早期只是应用在苹果电脑上，所以并不被广大计算机用户所熟知。MOV 格式影音文件也可以采用不同的压缩率进行转换，这样就能够针对不同的网络环境选择不同的转换压缩率。另外，MOV 格式能够通过网络提供实时的信息传输和不间断播放，这样无论是在本地播放还是作为视频流媒体在网上传播，它都是一种优良的视频编码格式。

5. 3GP 文件格式

3GP 是"第三代合作伙伴项目"（3GPP）制定的一种多媒体标准，使用户能使用手机享受高质量的视频、音频等多媒体内容，其核心由包括高级音频编码（AAC）、自适应多速率（AMR）、MPEG-4 和 H.263 视频编码解码器等组成，目前大部分支持视频拍摄的手机都支持 3GPP 格式的视频播放。3GP 格式是新的移动设备标准格式，应用在手机、PSP 等移动设备上，文件体积

小，移动性强（该格式针对 GSM 手机的文件扩展名为.3gp，针对 CDMA 手机的文件扩展名为.3g2）。

4.2 数字视频捕获

视频的来源包括数码摄像头、模拟摄像机、计算机屏幕等。对于数码摄像头，用户可以直接使用其自带的软件进行数字视频捕获；对于模拟摄像机、录像机、影碟机、TV 等，用户需要借助于视频采集卡或利用数码摄像机所带的 DV 传递功能进行数字视频捕获；要捕获计算机屏幕的内容，可以使用 Camtasia Studio、Adobe Captivate 等屏幕捕获软件实现。下面将通过几个实例介绍捕获数字视频的方法。

【例 4-1】利用数码摄像头捕获视频。

（1）启动数码摄像头捕获软件，如图 4-1 所示。

（2）选择 File | Set Capture File 命令，然后在打开的对话框中输入捕获文件的名称。

（3）选择 Capture | Start Capture 命令，在打开的 Ready to Capture 对话框中（如图 4-2 所示）单击 OK 按钮。

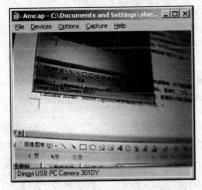

图 4-1 启动数码摄像头捕获软件

图 4-2 捕获文件

（4）选择 Capture | Stop Capture 命令，完成视频文件的捕获。

【例 4-2】使用 DV 传递功能在 Windows Movie Maker 中捕获模拟视频。

（1）参考图 4-3 所示的连接方式将相应的模拟视频源连接到计算机。

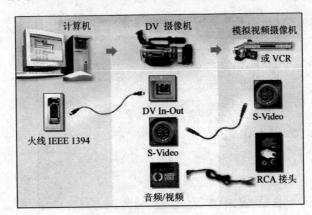

图 4-3 连接模拟视频至计算机

- 模拟视频通过 RCA 接头或 S-Video 接头连接到 DV 摄像机，DV 摄像机通过 IEEE 1394 接口连接到计算机。
- DV 摄像机将视频从模拟格式转换为数字格式，然后将数字视频传送到计算机上。用户可以使用 Windows Movie Maker 捕获从 DV 摄像机传递到计算机上的视频。

（2）将 DV 摄像机中的磁带取出，并将其设置为"播放已录制的视频"状态。

（3）启动 Windows Movie Maker 软件，如图 4-4 所示。

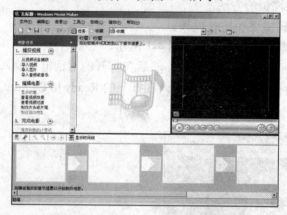

图 4-4　Windows Movie Maker 主界面

- Windows Movie Maker 是 Windows XP 操作系统自带的多媒体组件，主要用于创建家庭电影文件，用它编辑制作的文件具有体积小、分辨率高等特点。

（4）选择"文件"|"捕获视频"命令（或单击"电影任务"窗口中"捕获视频"下面的"从视频设备捕获"选项），打开如图 4-5 所示的"视频捕获设备"对话框，在"可用设备"中选择相应的 DV 摄像机。

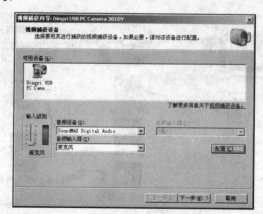

图 4-5　选择设备

（5）单击"下一步"按钮，在"捕获的视频文件"对话框中输入要捕获的视频文件名，并选择保存捕获视频的位置。

（6）单击"下一步"按钮，在"视频设置"对话框中，选择捕获视频的质量和大小。

（7）单击"下一步"按钮，打开如图 4-6 所示的"捕获视频"对话框。

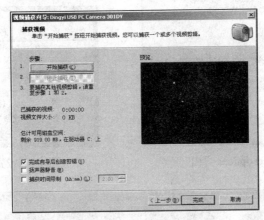

图 4-6　"捕获视频"对话框

（8）在模拟摄像机或 VCR 上，按下 Play（播放）键开始播放。

（9）在"捕获视频"对话框中，单击"开始捕获"按钮，开始捕获视频。要停止捕获时，单击"停止捕获"按钮即可。

（10）在模拟摄像机或 VCR 上，按下 Stop（停止）键。

（11）单击"完成"按钮，关闭"视频捕获向导"。

【例 4-3】使用 Adobe Captivate 捕获计算机屏幕内容。

（1）启动 Adobe Captivate 后，打开如图 4-7 所示的软件主界面。

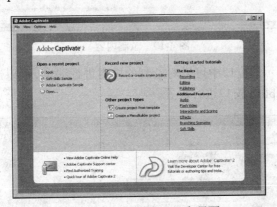

图 4-7　Adobe Captivate 主界面

（2）单击 Record or create a new project 按钮，打开如图 4-8 所示的 New project options 界面。

（3）单击 OK 按钮，打开如图 4-9 所示的窗口。

（4）单击 Preset sizes 按钮选择设置窗口大小，单击 Optionally, select a window you'd like to record 下拉列表选择要录制的程序窗口，单击 Record 按钮开始对程序窗口的操作进行录制。

（5）在录制计算机屏幕内容的过程中按 Pause 键暂停录制，按 End 键停止录制。停止录制后将打开如图 4-10 所示的窗口。

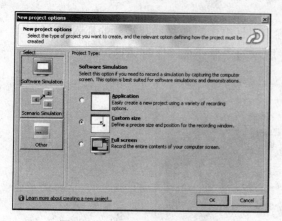

图 4-8 New project options 界面

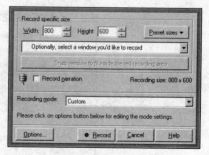

图 4-9 设置录制窗口

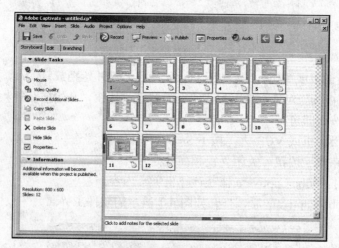

图 4-10 录制内容

（6）在如图 4-10 所示的窗口中可以对录制的内容进行编辑。可以选择 File | Publish 命令，打开如图 4-11 所示的 Publish 窗口进行设置。

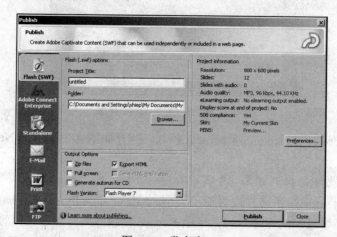

图 4-11 发布窗口

（7）单击 Publish 按钮，将捕获的内容转化为 swf 文件。发布结束后，在如图 4-12 所示的对话框中单击 View Output 按钮即可查看捕获内容。

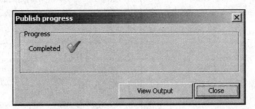

图 4-12　发布成功

注意

◆　以上是最基本的屏幕捕获过程，可以在图 4-9 中单击 Options 按钮进行各项设置，以满足录制需要。

4.3　数字视频格式转换

在多媒体制作中，需要对不同格式的视频文件进行转换，视频格式转换可以通过专门的格式转换软件实现（如格式工厂、视频转换大师等）。下面将通过实例介绍实现数字视频格式转换的具体操作方法。

【例 4-4】使用"格式工厂"软件进行视频文件格式转换。

（1）启动"格式工厂"后，进入如图 4-13 所示的"格式工厂"软件界面。

图 4-13　"格式工厂"软件界面

（2）单击要转换后的文件格式，如"所有转到 WMV"图标，打开如图 4-14 所示的"所有转到 WMV"转换界面。

（3）单击"添加文件"按钮，在打开的"打开"对话框中选择源文件，然后单击"打开"按钮返回"所有转到 WMV"转换界面，接下来单击"确定"按钮，返回主界面。

（4）在"格式工厂"软件主界面中单击"选项"按钮，在如图 4-15 所示的"选项"对话框中选择输出文件所在的文件夹，然后单击"确定"按钮返回软件主界面。

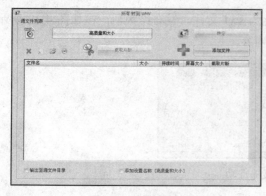
图 4-14   转换界面

图 4-15   设置输出文件夹

（5）在"格式工厂"软件主界面中单击"开始"按钮，程序将源文件转换为 WMV 视频文件。

> ◆ 有些视频格式转换软件还可以对音频、图像文件进行格式转换，并能进行视频合并。

4.4   数字视频编辑

数字视频采集完成后，有时需要将不合适的画面或片段裁剪掉，有时需要将素材重新排序，有时需要添加字幕、添加特技、插入声音或音乐。针对数字视频编辑可以使用 Windows Movie Maker、会声会影、Adobe Premiere CS3 等软件实现。

【例 4-5】使用 Windows Movie Maker 进行视频编辑。

（1）启动 Windows Movie Maker 后，进入如图 4-4 所示的 Windows Movie Maker 软件主界面。

（2）选择"文件"|"导入到收藏"命令（或单击"电影任务"窗格中"捕获视频"下面的"导入视频"命令），打开如图 4-16 所示的"导入文件"对话框，并在该对话框中选择要导入的文件，单击"导入"按钮，将视频文件导入到收藏夹中，如图 4-17 所示。

图 4-16   "导入文件"对话框

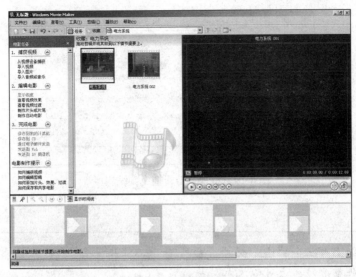

图 4-17　导入视频文件

◆ Windows Movie Maker 具有自动设置镜头转换的能力，在如图 4-17 所示的素材区中，Windows Movie Maker 自动将视频剪辑为 2 段。

◆ 若需要手工剪辑视频，用户可以参照下面的方法进行操作。

（3）单击预览区中的"播放"按钮，播放视频剪辑，发现第 2 段最后部分有噪音。播放到要拆分的位置，单击"暂停"按钮，停止播放。单击"在当前帧中将该剪辑拆分为两个剪辑"按钮，将视频进行拆分，这时如图 4-18 所示的素材区中视频剪辑由 2 段拆分成 3 段。

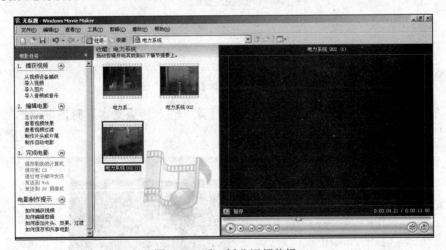

图 4-18　手工拆分视频剪辑

（4）选择"查看" | "时间线"命令，将编辑区切换到"时间线"模式。将前 2 段视频剪辑先后拖曳到时间线上，如图 4-19 所示。

（5）单击"电影任务"窗格中"编辑电影"选项下面的"制作片头或片尾"按钮，打开"要将片头添加到何处？"对话框，如图 4-20 所示。

图 4-19　将视频剪辑拖曳到编辑区

◆　时间线上有三个轨道：视频、音频/音乐、片头重叠。

◆　在片头重叠轨道上可以添加片头、片尾。

◆　单击时间线上的"播放时间线"按钮可以在预览区中播放视频剪辑。

◆　单击"电影任务"窗格中"编辑电影"下面的"查看视频效果"和"查看视频过渡"命令，并将它们拖曳到视频剪辑，可以实现特效。

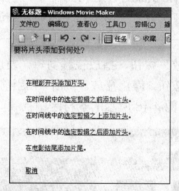

图 4-20　"要将片头添加到何处？"对话框

（6）单击"在电影开头添加片头"命令，打开"输入片头文本"对话框，然后在该对话框中输入片头文本，如图 4-21 所示。

图 4-21　"输入片头文本"对话框

（7）单击图 4-21 中的"更改片头动画效果"按钮，打开"选择片头动画"对话框，如图 4-22 所示，在该对话框中选择合适的片头动画。

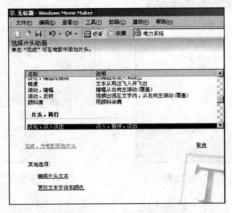

图 4-22　选择片头动画

（8）单击"选择片头动画"对话框中的"更改文本字体和颜色"按钮，打开"选择片头字体和颜色"对话框，如图 4-23 所示，在该对话框中选择合适的字体和颜色。

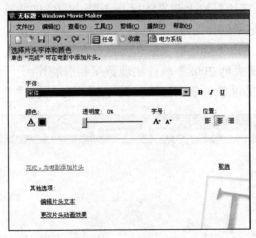

图 4-23　选择字体颜色

（9）单击"完成，为电影添加片头"按钮，实现片头制作。接下来在如图 4-20 所示的"要将片头添加到何处？"对话框中单击"在电影结尾添加片尾"按钮，按同样方式制作片尾。

◆　也可以单击"电影任务"窗格中"编辑电影"下面的"制作自动电影"命令，在出现的"选择自动电影编辑样式"对话框中选择相应样式，实现片头片尾添加。

（10）选择"文件" | "保存项目"命令，保存项目文件，以便以后编辑。

（11）选择"文件" | "保存电影文件"命令，打开"保存电影向导"对话框，如图 4-24 所示。

（12）单击"下一步"按钮，在打开的对话框中输入电影文件的名称，然后再次单击"下一步"按钮，在如图 4-25 所示的"电影设置"对话框中设置所保存的文件质量和大小。

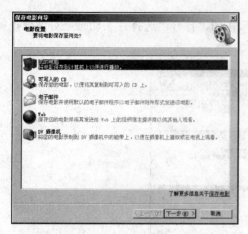

图 4-24　"保存电影向导"对话框　　　　图 4-25　设置保存文件的质量和大小

（13）单击"下一步"按钮，软件将根据上面所进行的设定进行电影文件的保存。

4.5　数字相册制作

数字相册指的是可以在计算机上观赏的区别于静止图像的特殊文档，其内容不局限于摄影照片，也可以包括各种艺术创作图片，它具有传统相册无法比拟的优越性，即图文声像并茂、随意修改编辑、快速检索、永不褪色以及廉价复制分发等。

【例 4-6】使用"数码大师 2008"软件实现数字相册制作。

（1）启动数码大师 2008 软件后，进入如图 4-26 所示的软件主界面。

图 4-26　数码大师 2008 主界面

（2）单击素材区域中的"添加相片"按钮，在打开的"请选择要添加的图片"对话框中选择数字相册中包含的图片文件，单击"打开"按钮，将图片导入到素材区，如图 4-27 所示。

◆　在图 4-27 中，单击"修改名字及注释"按钮，可以修改原始图片文件的名称并给图片加上注释。

图 4-27　添加相片文件

（3）选择数码大师 2008 软件主界面中素材区域左侧的"相片特效"选项卡，然后单击选项卡中的某个特效，可以查看其效果，如图 4-28 所示。

图 4-28　相片特效

（4）单击"应用特效到指定相片"按钮，打开如图 4-29 所示的"对指定相片添加效果"对话框，在该对话框中可以给每幅相片指定不同的效果。在"对指定相片添加效果"对话框中设定完成后单击"返回数码大师"按钮。

图 4-29　给每个相片指定特效

（5）选择数码大师 2008 软件主界面中素材区域左侧的"背景音乐"选项卡，然后在如图 4-30 所示的对话框中单击"添加媒体文件"按钮，为数字相册添加背景音乐。

（6）选择数码大师 2008 软件主界面中素材区域左侧的"相框"选项卡，然后在如图 4-31 所示的对话框中选择相框，为相片添加相框。

图 4-30　添加背景音乐

图 4-31　添加相框

（7）在如图 4-32 所示的设置区域中设置相册中的相片尺寸、播放相册时相册顶部的控制条显示状态、是否显示注释、播放时相片的停留时间等参数。

图 4-32　设置区域

（8）单击"保存"按钮，将文件保存为"校园建筑.dmf"。接下来单击"开始播放"按钮，实现数字相册播放。

（9）单击导航区域的"礼品包相册"选项卡，在设置区域的"礼品包专项设置"中进行礼品包标题、礼品包保存路径等设置后，单击"开始导出"按钮，打开如图 4-33 所示的"礼品包相册导出"对话框。完成以上操作后，生成 exe 文件，可以脱离数码大师软件平台独立运行。

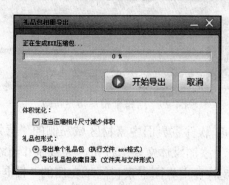

图 4-33　礼品包相册导出

注意

- 在"视频相册"选项卡中，可以导出 VCD/SVCD/DVD 视频，在 VCD/DVD 上播放。
- 在"网页相册"选项卡中，可以生成 html 文件，上传到 Internet，供世界各地的用户通过上网或直接打开浏览器欣赏。
- 在"锁屏相册"选项卡中，可以设置实时锁定屏幕并播放相册内容（类似于屏保）。

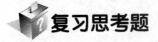复习思考题

一、填空题

（1）动画和视频都是_____图像，当其中的每帧图像是由人工或_____产生时，常称为动画，当每帧图像是通过实时摄取_____产生时，常称为视频。

（2）大部分的_____都是用MPEG-1格式压缩的。MPEG-2的应用包括_____的制作。MPEG-4最有吸引力的地方在于它能够保存接近于_____画质的小体积视频文件，基于MPEG-4标准的DivX是由DivX Networks公司开发的视频格式，即通常所说的_____格式。

（3）_____是Apple公司创立的视频文件格式。

（4）目前大部分支持视频拍摄的手机都支持_____格式的视频播放。

二、简答题

（1）简述数字视频发展的三个阶段。

（2）简述 AVI、ASF、WMV 视频格式的特点。

（3）简述 RM、RMVB 视频格式的特点。

（4）简述视频编辑的作用。

（5）什么是数字相册？比较传统相册有哪些优越性？

三、操作题

（1）上网下载几款屏幕捕获软件，然后使用它们进行计算机屏幕捕获，并比较它们的优缺点。

（2）上网下载几款视频格式转换软件，然后使用它们进行视频文件转换，并比较它们的优缺点。

（3）分别使用 Windows Movie Maker、会声会影、Adobe Premiere CS3 等软件进行视频编辑，比较它们的优缺点。

（4）使用数码大师 2008 软件制作个性化的数字相册。

（5）上网了解几种数字相册制作软件，比较它们的优缺点。

第 5 章　音频处理技术与应用

本章将重点介绍数字音频的基础知识，帮助用户了解音频录制、格式转换、后期处理的方法。

学习要求

- 了解：数字音频的产生和常见的文件格式。
- 掌握：数字音频的录制、格式转换、后期处理。

声音是通过物体振动产生的声波，是通过介质（空气或固体、液体）传播并能被人或动物的听觉器官所感知的波动现象。声音是多媒体技术研究中的一个重要内容，是多媒体信息的重要组成部分，同时也是表达思想和情感的必不可少的媒体。

5.1　基础知识

多媒体技术中的声音一般指的是数字音频，本节将简单介绍数字音频的产生和格式。

5.1.1　数字音频的产生

在使用计算机录制声音时，麦克风将声音信号转换为模拟电信号，然后通过音频卡（声卡）将模拟电信号转化为数字音频，以便计算机处理和存储声音，这个转换过程称为模数转换。模数转换的过程可以分成采样和量化。

采样就是每隔一段时间读一次声音的幅度，在一秒内读取的点越多，获取的频率信息越丰富，越接近原始的声音。目前常用的标准采样频率有 8kHz、11.025kHz、22.05kHz、44.1kHz 和 48kHz 等。

采样后声音信号的幅度还是连续的，量化就是把幅度转换成数字值，量化位数反映了度量声音波形幅度值的精确程度，位数越多，声音的质量越高。目前通常采用的量化位数为 8 位和 16 位。

如图 5-1 所示为 CD 音质的采样频率（44.1kHz）和量化位数（16 位）。

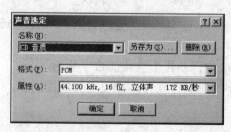

图 5-1　CD 音质的采用频率和量化位数

注意
◆ 采样频率和采样精度的值越大，记录的波形越接近原始信号，它们对声音的音质和占用的存储空间起着决定性的作用。
◆ 在多媒体技术中，必须根据所开发的项目要求，在音质和文件大小之间取得平衡。

5.1.2　数字音频的格式

将经采样和量化后的数字音频直接记录下来而形成的文件格式是 PCM，这个过程称为编码。PCM 编码的最大优点是音质好，最大缺点是文件大，Audio CD 就采用了 PCM 编码，一张光盘只能容纳 72 分钟的音乐信息。

编码的作用主要有两个方面，一方面是采用一定的格式来记录数字数据，另一方面是采用一定的算法来压缩数字数据以减少存储空间和提高传输效率。将编码后的数据存储在磁盘上，就形成不同格式的音频文件。

音频文件格式包括无损格式和有损格式两类，其各自的特点如下：

● 有损文件格式基于声学心理学模型，除去人类很难或根本听不到的声音（例如，在一个音量很高的声音后面紧跟着一个音量很低的声音，就可以将音量很低的声音除去）。MP3、Windows Media Audio（WMA）、Ogg Vorbis（OGG）、AAC 等属于有损文件格式。

● 无损的音频格式解压时不会产生数据或质量上的损失，解压产生的数据与未压缩的数据完全相同，包括 PCM、WAV、TTA、FLAC、AU 等。

1. WAV 文件格式

基于 PCM 编码的 WAV 文件格式是微软公司开发的一种声音文件格式，也叫波形声音文件，被 Windows 平台及其应用程序广泛支持，成为事实上的通用音频格式。大多数压缩格式的声音都是在它的基础上经过数据的重新编码来实现的，各种压缩格式的声音信号在压缩前和回放时都要使用 WAV 格式。

2. MP3 文件格式

MP3 文件格式是 MPEG（Moving Picture Experts Group）Audio Layer-3 的简称，它是 MPEG1 的衍生编码方案，可以做到 12:1 的压缩比并保持基本可听的音质。在 MP3 文件格式中使用了知觉音频编码和心理声学，以确定音频的哪一部分可以丢弃。从 1995 年上半年开始直到整个 20 世纪 90 年代后期，MP3 开始在因特网上蓬勃发展。

3. WMA 文件格式

WMA（Windows Media Audio）文件格式是微软公司开发的一种数字音频压缩格式，随着苹果公司的 iTunes 对它的支持，WMA 正在成为 MP3 格式的竞争对手。WMA 比 MP3 体积少 1/3 左右，意味在相同的空间下，可以多储存 1 倍的音乐，同时可以拥有一样的音质，因此非常适用于网络流式播放，很可能会成为未来音频压缩的标准格式。此外，WMA 支持证书加密，未获得许可证书，即使其被非法拷贝到本地计算机，也无法打开收听。

4. RealAudio 文件格式

RealAudio 文件格式是由 Real Networks 公司开发的网络流媒体音频格式，主要适用于网络上的在线播放。RealAudio 文件格式主要有 RA（RealAudio）、RM（RealMedia，RealAudio G2）、

RMX（RealAudio Secured）等三种，它们的共同性在于随着网络带宽的不同而改变声音的质量，在保证大多数人听到流畅声音的前提下，令带宽较大的用户可以获得较好的音质。

5.2　数字音频录制

数字音频的录制通过声卡实现，将话筒、录音机、CD 播放机等设备与声卡连接好，就可以录音了。录制的工具包括 Windows 自带的"录音机"、声卡自带的工具、音频处理软件 Cool Edit Pro（Adobe Audition）、WaveCN、GoldWave 等，录制音频之前可以根据需要选择合适的采样频率和量化位数。

【例 5-1】使用 Cool Edit Pro 2.1 软件录制数字音频。

（1）将话筒接口插入计算机声卡的麦克风插孔，然后开启话筒电源。

（2）双击 Windows 操作系统桌面右下角的喇叭图标，在"音量控制"窗口中选择"选项"|"属性"命令，打开"属性"对话框。选择"播放"列表框中的"波形"、"软件合成器"、"麦克风"和"线路输入"复选框，如图 5-2（a）所示，选择"录音"列表框中的"麦克风"复选框，如图 5-2（b）所示。完成以上设置后单击"确定"按钮，完成录音前的准备工作。

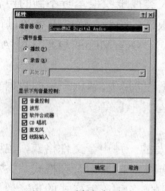

（a）播放选项　　　　　　　　　　　　（b）录音选项

图 5-2　录音前的准备工作

（3）启动 Cool Edit Pro 2.1 软件后，按下 F12 键，从多轨操作界面切换到波形编辑界面，如图 5-3 所示。

（a）多轨操作界面　　　　　　　　　　（b）波形编辑界面

图 5-3　Cool Edit Pro 2.1 启动界面

（4）选择"文件"|"新建"命令，打开如图 5-4 所示的"新建波形"对话框，在该对话框中设置适当的采样率、声道以及采样精度后，单击"确定"按钮，返回到波形编辑界面。

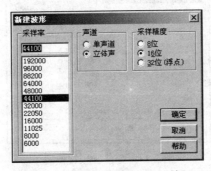

图 5-4　"新建波形"对话框

（5）保持录制环境的安静，单击 按钮，开始录音。

（6）单击 按钮，停止录音。

（7）单击 按钮，试听所录制的声音效果。

（8）选择"文件"|"另存为"命令对录音文件进行保存（保存时可以选择不同的文件类型）。

注意

- 在多媒体开发与制作中，声音文件一般推荐质量是 22.050kHz、16bit。它的数据量是 44.1 kHz 声音的一半，但音质很相似。
- 录制的声音在重放时可能会有明显的噪音存在，需要使用音频处理软件进行降噪处理（本书将在 5.4 节中详细介绍）。

5.3　数字音频格式转换

数字音频文件的格式很多，在音频的处理过程中，往往要进行各种格式之间的相互转换。数字音频格式的转换可以通过以下几种途径实现：

- 使用音频处理软件打开要转换的文件，然后将其另存为其他格式的文件。
- 使用一些专门软件实现格式转换，例如全能音频转换通、豪杰音频通、音频格式转换器、音频转化大师等。

【例 5-2】使用"全能音频转换通"软件进行数字音频格式的转换。

（1）启动"全能音频转换通"软件后，单击"添加文件"按钮，在打开的对话框中选择要转换的音频文件。

（2）右击音频文件，弹出如图 5-5 所示的快捷菜单。

（3）选择"批量转换成"命令，打开图 5-6 所示的"批量转换文件格式"对话框。

（4）在"批量转换文件格式"对话框中选择所需要的输出格式、编码器、输出质量和输出目录，然后单击"开始转换"按钮，进行文件格式转换。

图 5-5　全能音频转换通

图 5-6　"批量转换文件格式"对话框

◆ 全能音频转换通支持目前所有流行的媒体文件格式，还能从视频文件中分离出音频流，并将其转换成完整的音频文件。

◆ 也可以从整个媒体中截取出部分时间段，转成一个音频文件，或者将几个不同格式的媒体转换并连接成一个音频文件。

5.4　数字音频后期处理

在【例 5-1】中录制的声音存在噪音，可以利用音频处理软件，对原始的音频进行后期处理。例如，使用 Cool Edit Pro 2.1 的音频处理功能，可以通过"效果"菜单实现对数字音频的后期处理，包括变速/变调、波形振幅、常用效果器、滤波器、特殊、噪音消除等。

5.4.1　降噪

在实际工作中，有时虽然在录制时保持了环境安静，但录制的声音还是存在很多杂音，必须对音频进行降噪处理。这时，可以参考下面的实例进行处理。

【例 5-3】使用 Cool Edit Pro 2.1 对录制的音频进行降噪处理。

（1）启动 Cool Edit Pro 软件后，选择"文件"|"打开"命令，打开【例 5-1】录制的"原

始录音.wav"文件,然后单击"水平放大"按钮,将音频波形放大。

(2)选取波形前端无声部分作为噪声采样,如图 5-7 所示。

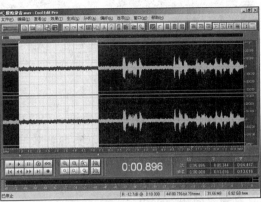

| （a）原始波形 | （b）放大选取 |

图 5-7 采集噪声

(3)选择"效果"|"噪音消除"|"降噪器"命令,在打开的"降噪器"对话框中单击"噪音采样"按钮,采集当前噪声,如图 5-8 所示。

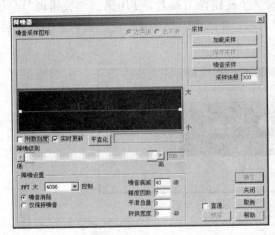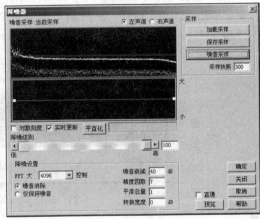

| （a）采样前 | （b）采样后 |

图 5-8 噪声采样

(4)单击"保存采样"按钮,将噪声文件保存为"噪声采样.fft",然后单击"关闭"按钮。

(5)单击波形窗口中的任意位置,取消步骤(2)中被选取的部分。

(6)再次选择"效果"|"噪音消除"|"降噪器"命令,在打开的"降噪器"对话框中将"降噪级别"参数调整到 10,这时的噪声采样就是步骤(4)中的"噪声采样.fft"。单击"确定"按钮,进行降噪。

(7)重复步骤(2)～(5)进行多次降噪处理,直到满意为止。

(8)选取波形前端无声部分,右击鼠标,选择"剪切"命令,删除无声部分的声音。

(9)将经过降噪处理后的文件保存为"降噪后录音.wav"。

◆ 在降噪处理过程中，"降噪级别"设置得太高可能会产生失真，所以可以分多次
进行，每次级别控制在10~30之间。

◆ 过多的降噪会对声音有一定的损失。

5.4.2   添加效果

对降噪后的声音文件进行修饰，可以取得更好的声音效果。

【例5-4】使用外挂插件，实现音效增强效果。

（1）安装外挂效果插件bbe、waves 和 ultrafunk2。

（2）启动 Cool Edit Pro 2.1 软件，在波形编辑界面中选择"效果"|"刷新效果列表"命令，刷新"效果"菜单。

（3）打开上例保存的音频文件。单击"效果"菜单，安装的三个效果插件将显示在DirectX 中。

（4）选择"编辑"|"选取全部波形"命令，选定全部波形。

（5）选择"效果"|DirectX|BBESonicmaximizer 命令，打开如图5-9所示的对话框，然后从左到右使用第一个旋钮调节低音，使用第二个旋钮调节高音，使用第三个旋钮调节总输出音量。单击"预览"按钮，然后调节上述三个旋钮，并注意效果变化，在达到满意的效果后，单击"确定"按钮即可。

图 5-9   BBESonicMaximize 效果对话框

◆ BBE 音效增强技术可以补偿录音过程中声音的损失和延迟，使高音部分更加清晰、自然，低音部分更强劲并且富有节奏感，从而使声音具有现场感。

（6）选择"效果"|DirectX|WavesC4 命令，对声音进行压限。单击 Load 按钮，选择所需的效果（如 Pop vocal），然后单击"预览"按钮，调节其中的按钮，并检查效果，如图5-10所示。完成以上设置后，单击"确定"按钮，保存效果。

◆ 压限使处理后声音变得更加均衡，保持一致连贯，声音不会忽大忽小，使声音更加悦耳。

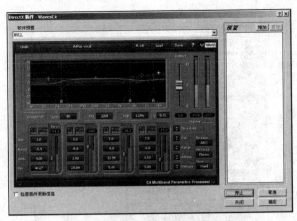

图 5-10　Waves 效果对话框

（7）选择"效果"｜DirectX｜Ultrafunkfx｜Compressor 命令，打开如图 5-11 所示的对话框。对话框上方有 4 个文本框，下方有 2 个文本框，在其中输入数据。如在上方的 Threshold 文本框中输入-20，在 Ratio 文本框中输入 4.0，在 Knee 文本框中输入 16，在 Gain 文本框中输入 7.0；在下方的 Attack 文本框中输入 40，在 Release 文本框中输入 200。完成以上操作后单击"预览"按钮，用户如果对添加的效果满意，单击"确定"按钮即可。

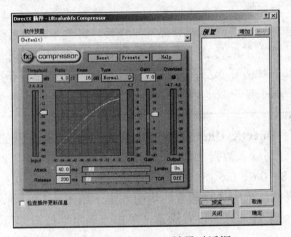

图 5-11　Compressor 效果对话框

◆　上述操作可以增强人声的力度和表现力。

◆　输入不同的数据会有不同的效果，具体的效果要靠用户自己的耳朵去感觉，不断摸索。

（8）选择"效果"｜DirectX｜Ultrafunkfx｜Reverb 命令，在打开的对话框中有 13 个文本框，在这些文本框中依次输入数据，如从上到下分别输入 0.0、75、7.1、0、50、100、1.0、500、2.2、7.8、0.0、-14.3、-12.3（或单击 Presets 下拉列表框，从中选择预置的混响方案，如图 5-12 所示）。完成以上操作后单击"预览"按钮，用户如果对添加的效果满意，单击"确定"按钮即可。

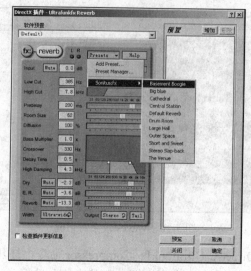

图 5-12　Reverb 效果对话框

注意

◆ 混响是一种常用的音频处理效果，可以用来弥补录音时环境音效和声场效果不足的缺陷，增强声音的立体效果。

◆ 不同的录音环境，其混响效果是不一样的，需要不断积累经验。

◆ 容积较大、吸声不足的房间，混响时间较短；男声演唱时混响时间应短些，女声演唱时混响时间可长些；专业歌手混响时间应短些，否则会破坏原有音色的特征；业余歌手可用较长的混响时间，以掩盖其声音的不足。

（9）选择"效果"|DirectX|Ultrafunkfx|Equalizer 命令，在打开的对话框中将显示 3 列文本框，用户可在其中分别输入数据（如第一列输入：40、60、200、800、4600、15000；第二列输入：1.0、0.8、0.8、0.6、0.6、0.5；第三列输入：0.4、-2.2、0.3、0.0、6.5、0.0、0.0；或单击 Presets 下拉列表框，从中选择预置的均衡方案，如图 5-13 所示）。完成以上操作后单击"预览"按钮，用户如果对选择的设置满意，单击"确定"按钮即可。

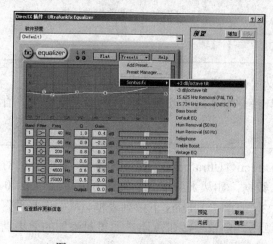

图 5-13　Equalizer 效果对话框

注意

- ◆ 使用均衡器可以对不同频率范围的声音进行提升或衰减处理。均衡的作用是将高频调整到清晰通透，将低频调整到清晰自然。
- ◆ 以上几个步骤是最基本的人声后期处理方法，此外还有很多效果，用户可以进行摸索和尝试。

5.4.3　混缩

在多轨操作窗中，将不同的文件放入不同的音轨中，实现多路音频合成，称为混缩。

【例 5-5】通过软件实现音频的合成功能。

（1）在多轨操作窗中，单击音轨 1，然后选择"插入"|"音频文件"命令，在打开的"打开波形文件"对话框中选取"背景音乐.mp3"文件，单击"打开"按钮。

（2）单击音轨 2，按同样方式插入"降噪后录音.wav"文件，然后将其保存为"配乐朗诵.ses"文件，如图 5-14 所示。

图 5-14　多轨操作窗中的多个音频文件

（3）单击 ▶ 按钮后，存在"背景音乐.mp3"文件时间太长（如图 5-14 所示）和"降噪后录音.wav"文件声音音量太小两个问题。

（4）单击音轨 1，拖动音轨上方的黄色三角箭头至音轨 2 波形的右侧，然后选择"编辑"|"分割"命令，将"背景音乐.mp3"文件分割成两部分。

（5）单击"背景音乐.mp3"文件的右半部分，然后按下 Delete 键将其删除。这样，两个音轨上的文件长度相同。

（6）选择"查看"|"调音台"命令，在打开的对话框中调整音轨 1 和音轨 2 的音量（如图 5-15 所示），并使两者匹配。

（7）完成以上操作后，选择"文件"|"混缩另存为"命令，将文件保存为"配乐朗诵.mp3"。

图 5-15　调节多个音频文件的音量

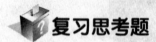　注意

◆　背景音乐被切割成两部分，会造成伴奏的突然终止，因此选择合适的伴奏音乐非常重要。

◆　两个音轨的音量需要多次调整，才能找到平衡点。

◆　对背景音乐增加淡入淡出效果，可以使效果更佳。

复习思考题

一、填空题

（1）模数转换的两个过程是_____和_____。

（2）CD 音质的采样频率是_____，量化位数是_____。

（3）将经采样和量化后的数字音频直接记录下来而形成的文件格式是_____，这个过程称为_____。_____的最大优点是音质好，最大缺点是文件大，Audio CD 就采用了_____。

（4）音频文件格式包括_____格式和_____格式两类。MP3、Windows Media Audio（WMA）、Ogg Vorbis（OGG）、AAC 等属于_____文件格式；PCM、WAV、TTA、FLAC、AU 等属于_____文件格式。

（5）_____文件格式是 MPEG（Moving Picture Experts Group）Audio Layer-3 的简称，它是 MPEG1 的衍生编码方案。

（6）RealAudio 文件格式主要有_____、_____、_____等三种。

（7）在多媒体开发与制作中，声音文件一般推荐质量是_____kHz、_____bit。它的数据量是_____kHz 声音的一半，但音质很相似。

二、简答题

（1）什么是模数转换？

（2）什么是采样？目前常用的标准采样频率是多少？

（3）什么是量化？目前通常采用的量化位数是多少？

（4）简述编码的作用。

（5）什么是有损文件格式？什么是无损文件格式？

三、操作题

（1）使用 Windows 自带的"录音机"和音频处理软件 Cool Edit Pro 实现数字音频录制。

（2）上网查找 3 种以上的音频格式转换软件，比较它们的优缺点。

（3）录制一段声音，然后使用后期处理方法实现配乐朗诵。

第 6 章 Authorware 多媒体项目开发

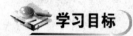

学习目标

本章将重点介绍利用 Authorware 软件开发多媒体项目的过程与方法。

学习要求

- **了解**：Authorware 软件各种图标的基本功能；多媒体集成和交互的基本方法。
- **掌握**：5 种动画制作方法；11 种交互功能的实现；Authorware 开发多媒体项目的基本过程。

本书前 4 章使用各类软件对图像、动画、视频和音频进行处理，获得了多媒体项目开发所需的素材。多媒体制作工具 Authorware 可以将这些素材有机结合起来，开发出具有人机交互功能的多媒体程序。

6.1 Authorware 7.0 简介

Authorware 是基于图标和流程线的多媒体制作工具，Authorware 7.0 中文版的软件界面如图 6-1 所示。

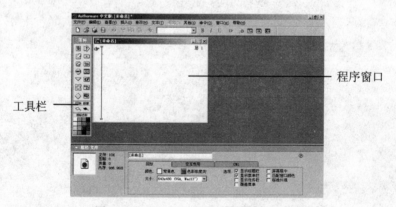

图 6-1 Authorware 7.0 中文版运行界面

Authorware 软件界面左侧是图标工具栏，工具栏中各个图标的名称和基本功能如表 6-1 所示，它们是 Authorware 最特殊、最核心的部分。通过显示、移动、数字电影、声音等图标将文本、图像、声音、动画、视频等各种媒体元素有效地集成在一起，通过擦除、等待、导航、框架、判断、交互等图标使程序具有友好的、灵活的人机交互界面。

Authorware 软件界面中间是程序流程设计窗口，窗口左侧的一条贯穿上下、被两个小矩形框封闭的直线称为流程线。流程线上下两端的两个小矩形是程序的开始点和结束点，分别表示程序的开始和结束；流程线左侧的一只小手称为粘贴指针，指示下一步设计图标在流程线上的位置。

使用 Authorware 开发多媒体项目不需要编写大段的程序代码，编程的主要工作是将图标拖放到流程线上，在界面下方的属性面板中设置图标的功能属性，不同内容的出现、交互功能的实现等都通过流程线控制。程序执行时，沿流程线依次执行各个设计图标。这种流程图方式的创作方法正好符合人的认知规律，反映程序执行的先后次序，使不懂程序设计的人也能轻松地开发出漂亮的多媒体程序。

表 6-1　图标及其基本功能

图标名	基本功能
显示图标	Authorware 中最重要、最基本的图标，用户可以使用"文字图形工具箱"中的工具，输入文字或绘制图形，并显示在演示窗口中
移动图标	与显示图标相配合，可以移动显示对象，产生特殊的动画效果。使用移动图标可以制作简单的二维动画效果
擦除图标	使用各种擦除效果擦除演示窗口中的显示对象
等待图标	在演示过程中暂停程序的运行，直到用户按键、单击鼠标或者经过一段时间的等待之后，程序再继续运行
导航图标	控制程序从一个图标跳转到另一个图标，改变程序的流程，相当于 goto 语句。经常与框架图标配合使用
框架图标	用于建立页面系统、超文本和超媒体
判断图标	控制程序流程的走向，完成程序的条件设置、判断处理和循环操作等功能
交互图标	设置交互作用的结构，达到实现人机交互的目的
计算图标	用于计算函数、变量和表达式的值以及编写 Authorware 的命令程序，辅助程序的运行
群组图标	一个特殊的逻辑功能图标，其作用是将一部分程序图标组合起来，实现模块化子程序的设计，使程序流程简洁、清晰，便于阅读或组织程序
数字电影图标	用于加载和播放外部各种不同格式的动画和影片，并对引入的数字化电影文件进行控制
声音图标	用于加载和播放各种外部声音文件，并控制其播放方式
DVD 图标	用于控制计算机外接视频设备的播放
知识对象图标	用于插入知识对象
开始旗	用于调试用户程序，设置程序运行的起始点
结束旗	用于调试用户程序，设置程序运行的终止点
图标调色板	给设计的图标赋予不同颜色，以便区分不同用途的图标，便于程序阅读

6.2　多媒体集成

Authorware 既可以使用自带的绘图功能，方便地编辑各种图形，对文字实行多样化的处理，也可以直接使用其他软件制作的文字、图像、声音和数字电影等多媒体信息，为多媒体作品的制作提供集成环境。

6.2.1　文字输入与图形绘制

简单的文字输入与图形绘制可以使用"显示"图标以及其中的"文本图形工具箱"实现。

【例6-1】在 Authorware 软件中输入文字与绘制图形。

（1）将"显示"图标拖到流程线上，然后双击流程线上的"显示"图标，显示"演示窗口"，同时打开"文本图形工具箱"，如图6-2所示。

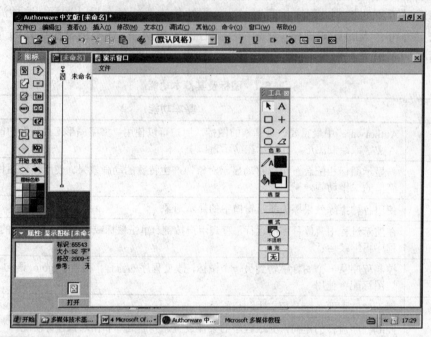

图6-2　演示窗口及文本图形工具箱

（2）单击工具箱中的"文本"图标后，鼠标指针变成"I"形，进入文本编辑状态。在演示窗口需要输入文本的位置上单击，然后输入文本。

（3）选中输入的文字后，选择"文本"|"字体"|"其他"命令，在打开的"字体"对话框中选择所需的字体。接下来按同样的方法可以在"文本"菜单中修改文本大小、风格和对齐方式。

（4）单击"文本图形工具箱"中的"文本颜色"图标（图6-2所示文本图形工具箱"色彩"下方的图标），在打开的"修改文本颜色"对话框中选择合适的颜色，如图6-3所示。

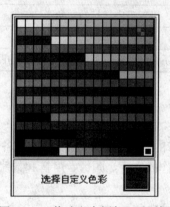

图6-3　"修改文本颜色"对话框

（5）单击"文本图形工具箱"中的"矩形"、"椭圆"、"多边形"等图标绘制相关的图形。

6.2.2　导入外部媒体

在 Authorware 中直接输入文本或绘制图形远远不能满足多媒体程序的需要，为了达到更好的显示效果，通常使用 Photoshop 等软件对文本或图像进行处理，然后将它们导入到 Authorware 中。

【例 6-2】在 Authorware 中导入外部图像。

（1）选择"文件"|"导入和导出"|"导入媒体"命令，打开"导入哪个文件"对话框。

（2）在打开的对话框中选择要导入的图像文件后，单击"导入"按钮，图像将被导入到流程线上的"显示"图标中。

（3）双击流程线上的"显示"图标，在"演示窗口"中可以看到被导入的图像。

◆　导入的文件类型包括各种文本文件、动画文件、音频文件和视频文件。以下方法也可实现图像导入：

● 在 Photoshop 等软件中复制图像，在 Authorware 演示窗口选择"粘贴"命令。

● 将图像文件直接拖动到设计窗口的流程线上，Authorware 将自动在流程线上添加显示图标。

除了选择"文件"|"导入和导出"|"导入媒体"命令直接引入使用其他软件制作的动画文件外，用户还可以通过选择"插入"|"媒体"命令导入 GIF、Flash 和 QuickTime 动画。

【例 6-3】在 Authorware 中导入 Flash 动画文件。

（1）在流程线上添加一个交互图标，将其命名为"导入 Flash"。完成后，保存文件为 flash.a7p。

（2）在"导入 Flash"图标右侧添加一个群组图标后，打开"交互类型"对话框，如图 6-4 所示。

图 6-4　"交互类型"对话框

（3）在"交互类型"对话框中选择"按钮"交互方式后，单击"确定"按钮，返回程序流程设计窗口。接下来，将群组图标命名为"播放 Flash"。

（4）双击"播放 Flash"图标，显示层 2。

（5）选择"插入"|"媒体"|Flash Movie 命令，打开如图 6-5 所示的 Flash Asset Properties 对话框，然后单击 Browse 按钮，导入同一目录下的 Flash 文件 clock.swf。

（6）单击 OK 按钮，程序的结构流程如图 6-6 所示。

（7）选择"调试"|"播放"命令，打开如图 6-7 所示的演示窗口，然后单击该窗口中的"播放 Flash"按钮，播放 Flash 文件。

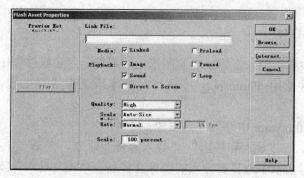

图 6-5　导入 Flash 文件

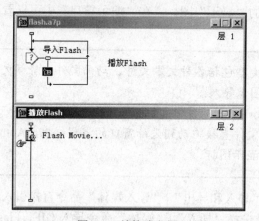

图 6-6　结构流程图

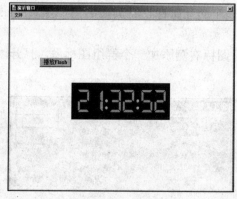

图 6-7　程序运行效果

6.2.3　音频、视频播放控制

音频、视频被导入到 Authorware 后，用户可以通过使用 Authorware 知识对象或修改变量的方法控制它们的播放。

在 Authorware 中，有些功能程序经常要用到，如打开对话框、文件操作、小测验的编写等。为了方便使用者，Authorware 事先提供了一系列已经编好的、功能比较齐全的程序模块，这就是知识对象。用户只要调用相应的知识对象，就可以快速地进行程序开发。

【例 6-4】在 Authorware 中，使用"知识对象"命令进行视频播放控制。

（1）选择"窗口"|"面板"|"知识对象"命令，在打开的"知识对象"面板中双击"电影控制"知识对象，出现如图 6-8 所示的 Introduction 对话框。

（2）单击 Next 按钮，打开 Select a Digital Movie File 对话框，如图 6-9 所示。

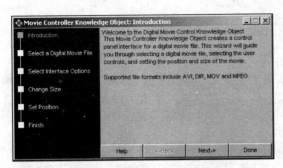

图 6-8　Introduction 对话框

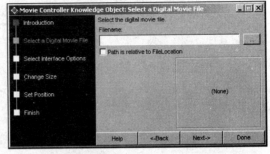

图 6-9　Select a Digital Movie File 对话框

（3）在打开的对话框中，选择要播放的视频文件。在一般情况下，使用默认值后，单击 Done 按钮即可。

（4）选择"调试"|"播放"命令，打开如图 6-10 所示的演示窗口，然后通过窗口下方的播放控制按钮实现对视频文件的播放控制。

图 6-10　控制视频播放

◆　Authorware 7.0 支持 AVI、DIR、MOV、MPEG 等文件格式。

采用知识对象的缺点是不够灵活。通过设置变量的值，实现对音视频文件的播放控制，可以达到更好的效果。

【例 6-5】在 Authorware 中，设置变量控制音频播放。

（1）在流程线上添加一个声音图标，并将其命名为"音频"（保存文件为 sound.a7p）。双击"声音"图标，打开如图 6-11 所示的属性面板。

图 6-11   声音图标属性面板

（2）单击"导入"按钮，在打开的"导入哪个文件？"对话框中选择同一目录下的音频文件，并选中"链接到文件"复选框，如图 6-12 所示。接下来，单击"导入"按钮，导入音频文件。

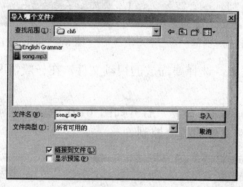

图 6-12   导入音频文件

> ◆ 选中"链接到文件"复选框，导入操作只是建立了 Authorware 和音频文件之间的链接，没有将音频文件包含在 a7p 文件中，可以减小 Authorware 程序的大小。
> ◆ 如果原始文件被删除、重命名或移走，文件运行时将不能播放音频文件。

（3）选择属性面板中的"计时"选项卡，将"执行方式"下拉列表框中的选项设置为"同时"，将"播放"下拉列表框中的选项设置为"直到为真"，然后在"播放"下拉列表框下的文本框中输入变量 s，如图 6-13 所示。

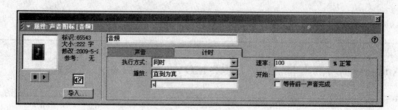

图 6-13   修改计时方式

（4）在"音频"选项下添加一个交互图标，打开"新建变量"对话框，如图 6-14 所示。

（5）在"新建变量"对话框的"初始值"文本框中输入 TRUE，然后单击"确定"按钮。接下来，将创建的交互图标命名为"音频控制"。

图 6-14 "新建变量" 对话框

注意

◆ 在 "新建变量" 对话框中将变量值设置为 TRUE, 表示不播放音乐; 将变量值设置为 FALSE, 表示播放音乐。如果想将所选音乐作为背景音乐, 只要在 "新建变量" 对话框中将初始值填写为 FALSE 即可。

(6) 将计算图标拖至 "音频控制" 右侧, 打开 "交互类型" 对话框, 选择 "按钮" 选项后, 单击 "确定" 按钮。将该计算图标命名为 "播放", 然后双击 "播放" 图标, 在如图 6-15 所示的计算编辑窗口中输入以下代码:

```
s:=FALSE
GoTo(IconID@"音频")
```

(7) 将一个计算图标拖至 "音频控制" 右侧, 然后将其命名为 "停止播放"。双击 "停止播放" 图标, 在计算编辑窗口中输入以下代码:

```
s:=TRUE
```

(8) 保存文件。单击工具栏中的 "运行" 按钮, 在演示窗口中单击 "播放" 按钮, 播放音频文件。接下来, 单击 "停止播放" 按钮, 停止播放音频文件。程序的结构流程如图 6-16 所示。

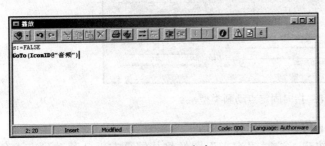

图 6-15 输入命令

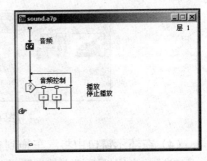

图 6-16 音频控制结构流程图

注意

◆ 单击 "播放" 按钮, 更改变量值为 FALSE, 播放音频文件。
◆ 音频文件播放完毕后, 执行 GoTo (IconID@"音频") 命令, 返回到 "音频" 图标。此时变量值为 FALSE, 不断播放该音频。

6.2.4 动画制作

Authorware 软件除了能够导入动画，还可以通过移动图标实现动画制作。将移动图标拖到流程线上，双击移动图标，显示如图 6-17 所示的属性面板。

图 6-17 "动画类型"属性面板

图 6-7 所示的"类型"下拉列表中包含指向固定点、指向固定直线上的某点、指向固定区域内的某点、指向固定路径的终点和指向固定路径上的任意点五种动画效果。

1. 指向固定点动画

指向固定点动画将对象从演示窗口中的当前位置直接移动到另一个固定位置，它是 Authorware 中最基本的动画效果，掌握了其制作过程后，用户可以比较容易地实现其他动画的制作。

【例 6-6】在 Authorware 中，将"汽车"图像从演示窗口的左下角移动到右上角。

（1）在流程线上添加一个显示图标，并命名为"汽车"，然后导入"汽车.jpg"文件，将其移动到演示窗口的左下角。

（2）在显示图标下添加一个移动图标，并命名为"移动"，然后将"汽车"图标拖至"移动"图标上。

（3）双击"移动"图标，在如图 6-18 所示的属性面板中，从"定时"下拉列表中选择"时间（秒）"选项，并在其下方的文本框中输入参数 1，接下来在"执行方式"下拉列表中选择"等待直到完成"选项。

图 6-18 指向固定点动画类型

（4）在演示窗口中将汽车拖到右上角，设置目标位置。

（5）单击属性面板中的"预览"按钮，这时"汽车"图像将从屏幕左下角移动到右上角的目标位置。

◆ 在"定时"下拉列表框下的文本框中输入参数"1"，表示"汽车"图片移动的时间为 1 秒。

◆ 移动目标位置时，属性面板中的 X、Y 坐标值随之发生变化。

2. 指向固定直线上的某点

指向固定直线上的某点动画将显示对象从当前位置移动到一条直线上的某个位置。被移动的显示对象的起始位置可以位于直线上，也可以位于直线外，但终点位置一定位于直线上。

【例6-7】在 Authorware 中，将"汽车"图像从演示窗口的左下角移动到演示窗口上方的一条直线上。

（1）双击"移动"图标，在属性面板中将"类型"下拉列表中的选项设置为"指向固定直线上的某点"。

（2）将"汽车"图片拖到演示窗口的左上角，确定固定直线的基点，再将图拖到演示窗口的右上角，确定固定直线的终点，如图6-19所示。

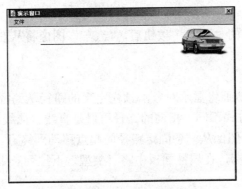

图 6-19　指向固定直线

（3）单击属性面板的"目标"单选按钮，将"汽车"图像移动到直线上的任意位置作为目标位置，或直接在"目标"文本框中输入相应的值，如图6-20所示。

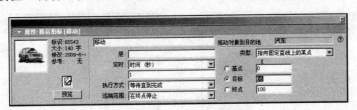

图 6-20　设置目标位置

（4）单击属性面板中的"预览"按钮，"汽车"图像将从屏幕左下角移动到演示窗口上方直线中的目标位置。

3. 指向固定区域内的某点

指向固定区域内的某点动画将显示对象移动到一个平面内。它是沿直线移动类型的扩展，即将移动对象终点的定位由一维坐标系确定的直线扩展到由二维坐标系确定的平面。

【例6-8】将"汽车"图像从演示窗口的左下角移动到演示窗口右侧的一个区域内。

（1）双击"移动"图标，在属性面板中将"类型"下拉列表中的选项设置为"指向固定区域内的某点"。

（2）将"汽车"图像拖到在演示窗口的中上角，确定固定区域的基点，然后将"汽车"图像拖到演示窗口的右下角，确定固定区域的终点，如图6-21所示。

（3）选中属性面板中的"目标"单选按钮，然后将"汽车"图像移动到区域内的任意位置作为目标位置（或直接在"目标"文本框中输入相应的值）。

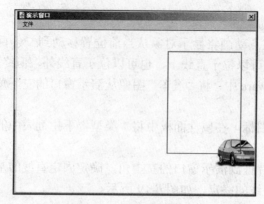

图 6-21　指向固定区域

（4）单击属性面板中的"预览"按钮后，"汽车"图像将从左下角移动到固定区域内的目标位置。

4. 指向固定路径的终点

指向固定路径的终点动画将显示对象沿预先定义的路径从路径的起点移动到路径的终点并停留在那里，与前三种方式不同，指向的路径可以是直线、曲线或两者的结合。

【例 6-9】将"汽车"图像从一条固定路径的起点移动到终点。

（1）双击"移动"图标，在属性面板中将"类型"下拉列表中的选项设置为"指向固定路径的终点"。

（2）将"汽车"图像拖到演示窗口的不同位置，创建一条如图 6-22 所示的固定路径。

（3）单击路径中间的两个"△"，将其变为"○"，这时路径由折线变为弧线，如图 6-23所示。

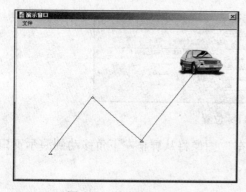

图 6-22　指向固定路径

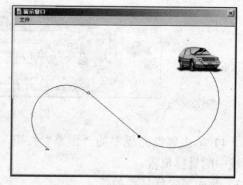

图 6-23　改变路径为弧线

（4）单击属性面板中的"预览"按钮后，"汽车"图像将沿固定路径从起点到终点。

5. 指向固定路径上的任意点

指向固定路径上的任意点动画将显示对象沿预先定义的路径移动，与移动到终点不同的是，它可以停留在路径上的任意位置。

【例 6-10】在【例 6-9】的基础上将"汽车"图像从一条固定路径的起点移动到路径的任意位置。

（1）双击"移动"图标，在属性面板中将"类型"下拉列表中的选项设置为"指向固定路径的任意点"。

（2）在"目标"文本框中输入 0～100 之间的任意值，如图 6-24 所示。

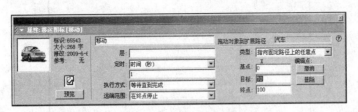

图 6-24　设置目标位置

（3）单击属性面板中的"预览"按钮，汽车沿固定路径从起点移动到指定位置。

6.3　多媒体交互

Authorware 的交互图标提供了按钮、热区域、热对象、目标区、下拉菜单、条件、文本输入、按键、重试限制、时间限制、事件等 11 种交互响应类型，每一种交互响应类型都能够实现一种独特的交互功能。

1. 按钮响应

按钮响应在窗口创建一个按钮，是多媒体程序中最常用的响应方式。程序运行时，用户单击该按钮，Authorware 将自动执行附在该按钮中的程序。例 6-5 是按钮响应的典型例子。

2. 热区域响应

热区域响应在窗口定义一个矩形区域。程序运行时，单击该热区域，Authorware 将自动执行附在热区域中的程序。热区域表现为一个矩形的虚线框，热区域响应的优点在于保持画面的整体统一。

【例 6-11】在 Authorware 中制作热区响应效果（用户单击不同的热区域，程序执行对应的操作）。

（1）打开 sound.a7p 文件，删除交互图标"音频控制"，添加显示图标"文字区域"，添加交互图标"热区域"，在"热区域"右侧添加两个计算图标"播放"和"停止播放"，并设置其交互类型为热区域。程序的结构流程如图 6-25 所示。

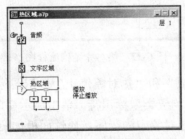

图 6-25　热区域结构流程图

（2）双击显示图标的"文字区域"，在演示窗口中画两个矩形框，在框内分别输入文字"播放"和"停止播放"。按下 Shift 键的同时双击交互图标"热区域"，在演示窗口中叠加显示热区域的两个虚线框，调整虚线框的大小和位置，使其与"文字区域"中的两个矩形框重合，如图 6-26 所示。

（3）分别双击两个计算图标，输入的代码可参考【例 6-5】中介绍的方法。

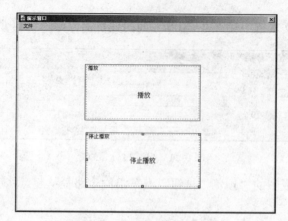

图 6-26　热区域与矩形框重合

（4）运行程序，单击相应区域实现播放音频和停止播放的功能。

3. 热对象响应

热对象响应在窗口定义一个对象。程序运行时，用户单击该对象，Authorware 执行附在热对象中的程序。热对象与热区域没有本质上的区别，只是热区域必须是一个矩形，而热对象可以是任意形状。

【例 6-12】用户单击不同的热对象，程序执行对应的操作。

（1）打开"热区域.a7p"文件，删除显示图标"文字区域"，添加两个显示图标，分别命名为"热对象播放"和"热对象停止"，分别导入图片文件 play.jpg 和 stop.jpg。将交互图标名称改为"热对象"，双击计算图标上方的响应类型标识符（虚框），在属性面板中将交互类型改为热对象。程序的结构流程如图 6-27 所示。

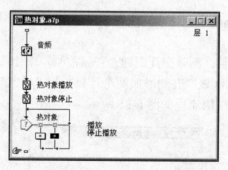

图 6-27　热对象结构流程图

（2）同时打开"热对象播放"和"热对象停止"显示图标，在演示窗口中调整它们的位置。双击"播放"热对象上方的响应类型标识符，单击演示窗口中的 play.jpg 图片，指定单击play.jpg 图片时，执行"播放"热对象中的程序，属性面板如图 6-28 所示。

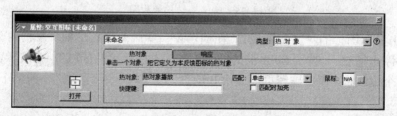

图 6-28　设置热对象

（3）同样方法指定单击 stop.jpg 图片时，执行"停止播放"热对象中的程序。

（4）运行程序，分别单击图 6-29 中的左侧图片和右侧图片实现播放音频和停止播放的功能。

图 6-29　热对象响应

4. 下拉菜单响应

下拉菜单响应用于在演示窗口左上角添加下拉式菜单。默认情况下，演示窗口的菜单栏中有一个"文件"菜单项，其中包含一个"退出"命令。

【例 6-13】修改上例，添加"播放"和"停止播放"菜单控制音频播放。

（1）选择"修改"|"文件"|"属性"命令，在属性面板中将"显示菜单栏"选中，如图6-30 所示。

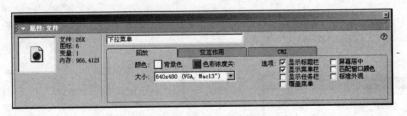

图 6-30　显示菜单栏

（2）修改"播放"与"停止播放"属性面板的交互类型，选择"下拉菜单"选项，如图6-31 所示。

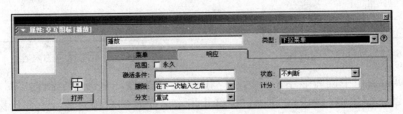

图 6-31　下拉菜单类型

（3）运行程序，选择"热对象"|"播放"命令播放音频，选择"热对象"|"停止播放"关闭音频，如图 6-32 所示。

图 6-32　下拉菜单响应

5. 目标区响应

目标区响应在窗口定义一个区域。程序运行时，用户将目标对象移到该区域，Authorware 执行相应的程序。目标对象将根据设置留在终点，或者返回移动前所在位置，或者移动到目标区中心。

【例 6-14】奇数只能拖到奇数区域，偶数只能拖到偶数区域。

（1）添加三个显示图标"目标区"、"1"、"2"，添加交互图标"目标区交互"，在交互图标右侧添加三个群组图标"1"、"2"、"返回"，结构流程如图 6-33 所示。

（2）双击显示图标"目标区"，在演示窗口中绘制奇、偶数交互目标区。双击显示图标"1"、"2"，在演示窗口中分别导入 1.jpg 和 2.jpg 文件。按下 Shift 键，然后调整其位置，如图 6-34 所示。

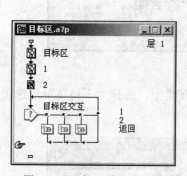

图 6-33　目标区结构流程图

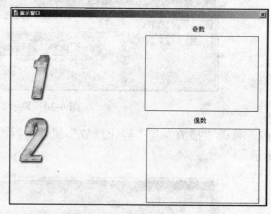

图 6-34　显示图标中的内容

（3）在演示窗口中同时显示"目标区"和"1"的内容，双击群组图标"1"上方的响应类型标识符。单击演示窗口中的文字"1"，将其指定为交互的目标对象；改变目标区域虚线框的大小和位置，使之与演示窗口中的奇数区域重合，如图 6-35 所示。在属性面板的"目标区"选项卡的"放下"下拉列表框中选择"在目标点放下"选项。

（4）对文字"2"和偶数区域做类似的操作，设定偶数交互目标对象和区域。

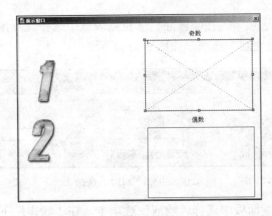

图 6-35　设定交互目标区域

（5）双击群组图标"返回"上方的响应类型标识符，在属性面板的"目标区"选项卡的"放下"下拉列表框中选择"返回"选项，并选中其上方的"允许任何对象"复选框，如图 6-36 所示。

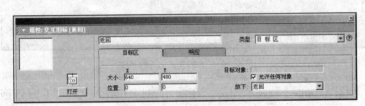

图 6-36　设定"返回"属性面板

（6）运行程序，将"1"、"2"分别拖到"奇数区域"、"偶数区域"以外的任何地方，它们将返回到原来的位置。

6. 条件响应

条件响应定义某个特定的条件，在满足程序设定的响应条件后，程序无需用户干预，自动沿相应的分支执行。

【例 6-15】在【例 6-14】的基础上，设置拖错后显示提示信息。

（1）在"返回"右侧添加一个显示图标，在属性面板中将其"类型"改为"条件"选项，在"条件"文本框中输入"TotalWrong=1"，在"自动"下拉列表框中选中"为真"选项，如图 6-37 所示。

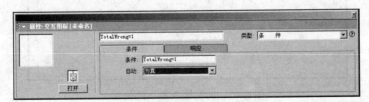

图 6-37　设定"条件"选项卡

注意

◆　在使用条件交互响应时，Authorware 自动将输入的条件作为图标的名称，所以添加的显示图标的名称为"TotalWrong=1"。

（2）选择"响应"选项卡，在"擦除"下拉列表框中选择"不擦除"选项，在"分支"下拉列表框中选择"退出交互"选项，如图6-38所示。

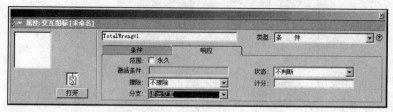

图6-38   设定"响应"选项卡

（3）在"返回"属性面板中选择"响应"选项卡，在"状态"下拉列表框中选择"错误响应"选项，如图6-39所示。

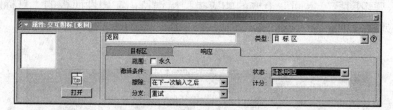

图6-39   "返回"属性面板

（4）双击"TotalWrong=1"显示图标，在演示窗口中输入文字"1应该拖到奇数区，2应该拖到偶数区"，并将其设置为粗体。同时显示4个显示图标，在演示窗口中调整刚才输入文字的位置，如图6-40所示。

图6-40   调整输入文字的位置

（5）运行程序，将数字1或2拖到错误的位置，在演示窗口中出现提示信息。

7. 文本输入响应

文本输入响应通过演示窗口的文本框输入文本，程序对用户输入的文本进行响应，常用于输入密码、回答问题等。

【例6-16】用户在填空题中输入答案，程序判断是否正确。

（1）添加一个显示图标"填空题"，双击图标，在演示窗口中输入文字"2010 年世博会在_____举行"。

（2）添加一个交互图标"义本输入"，在其右侧添加一个显示图标"上海 | Shanghai"，在演示窗口中输入文字"回答正确"，再添加一个显示图标"*"，在演示窗口中输入文字"请再考虑一下"，结构流程如图 6-41 所示。

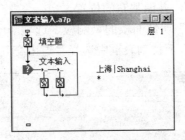

图 6-41　文本输入结构流程图

（3）同时显示 "填空题"、"文本输入"、"上海 | Shanghai"，调整文本框的位置与填空题中的空格重合，调整文字"回答正确"的位置，如图 6-42 所示。

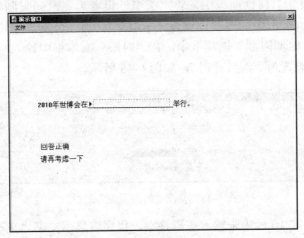

图 6-42　调整位置

（4）在如图 6-43 所示的交互图标属性面板中单击"文本区域"按钮，打开"交互作用文本字段"对话框，在"模式"下拉列表框中选中"透明"选项，如图 6-44 所示。

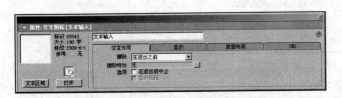

图 6-43　"文本输入"交互图标属性面板

图 6-44　"交互作用文本字段"对话框

（5）运行程序，在文本框中输入"上海"或 Shanghai 后按 Enter 键，显示"回答正确"；输入其他内容后按 Enter 键，显示文字"请再考虑一下"。

8. 时间限制响应

若要求每隔一定的时间执行相应的内容，或从时间角度限制用户的某项操作（如考试时的答题时间限制），就需要使用时间限制响应。

【例 6-17】在上例基础上，用户在 10 秒内未答对，显示正确答案。

（1）在显示图标"*"右侧再添加一个显示图标"时间限制"，双击图标，在演示窗口中输入文字"正确答案是：上海"，并调整它的位置。

（2）在"上海 | Shanghai"属性面板的"响应"选项卡中，在"擦除"下拉列表框中选择"不擦除"选项，在"分支"下拉列表框中选择"退出交互"选项，如图 6-45 所示。

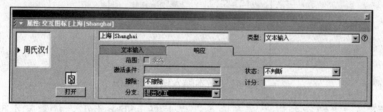

图 6-45　修改"上海 | Shanghai"属性

（3）在"时间限制"属性面板中，将"类型"设置为"时间限制"；在"响应"选项卡中，将"擦除"下拉列表框中的选项设置为"不擦除"，将"分支"下拉列表框中的选项设置为"退出交互"；在"时间限制"选项卡中，在"时限"文本框中输入时间 10 秒，将"中断"下拉列表框中的选项设置为"继续计时"，如图 6-46 所示。

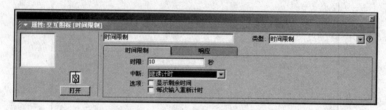

图 6-46　修改"时间限制"属性

（4）运行程序，在 10 秒内未输入正确答案，程序将显示文字"正确答案是：上海"。程序结构流程如图 6-47 所示。

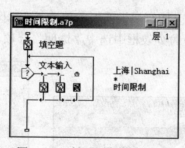

图 6-47　时间限制结构流程图

9. 重试限制响应

重试限制响应用于限制用户的尝试次数，如在身份验证时对输入密码次数的限制。重试限制与时间限制的本质是一样的，只是控制方式不同而已。

【例 6-18】在【例 6-17】的基础上，用户输入 3 次错误，弹出提示对话框。

（1）在显示图标"时间限制"右侧再添加一个群组图标"重试限制"，在属性面板中将"类型"选项设置为"重试限制"，在"最大限制"文本框中输入 3，如图 6-48 所示。

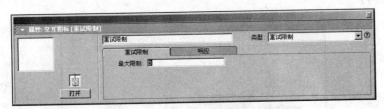

图 6-48　修改"重试限制"属性

（2）双击"重试限制"群组图标，在弹出的"层 2"中添加一个计算图标"提示对话框"，程序结构流程如图 6-49 所示。

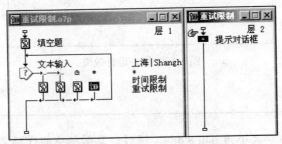

图 6-49　重试限制结构流程图

（3）双击计算图标，在弹出的"提示对话框"中单击 Insert Message Box 按钮，在出现的对话框中输入文字"你已错了 3 次了！"，如图 6-50 所示。

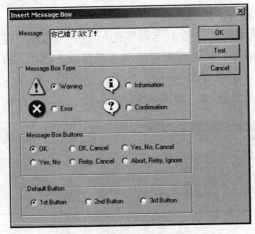

图 6-50　Insert Message Box 对话框

（4）运行程序，在 10 秒内输错 3 次，系统弹出提示对话框，如图 6-51 所示。

10．按键响应

按键响应提供了使用键盘控制程序运行的方法。Authorware 根据用户按下的不同按键进行处理，例如在游戏中经常会通过按"↑"、"↓"、"←"、"→"键控制方向。

【例 6-19】通过按"↑"、"↓"、"←"、"→"键控制飞机飞行方向，按空格键发射炮弹。

（1）导入图片文件"天空.jpg"，修改显示图标名为"天空"；"天空"下面添加一个计算

图标"飞机初始位置",双击计算图标,在打开的对话框中输入代码:

```
x:=640/2
y:=480/2
```

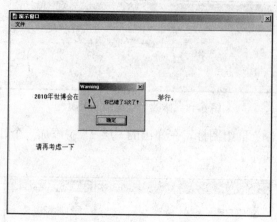

图 6-51   程序运行效果

◆   默认演示窗口大小为 640×480,通过计算图标中的代码定义飞机的初始位置。

（2）在计算图标下添加一个交互图标,并将其命名为"交互"。双击交互图标,在演示窗口中选择"插入"|"图像"命令,导入"飞机.psd"文件。单击"文本图形工具箱"的"模式"按钮,将显示模式设置为"透明"。

（3）在"交互"属性面板的"版面布局"选项卡中,选择"位置"下拉列表中的"在屏幕上"选项,选择"可移动性"下拉列表中的"不能移动"选项,在"初始"单选按钮后面的两个文本框中输入 x 和 y,如图 6-52 所示。在"交互作用"选项卡中,选择"擦除"下拉列表框中的"在下次输入之后"选项,如图 6-53 所示。

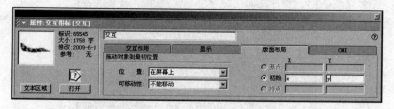

图 6-52   修改"版面布局"属性

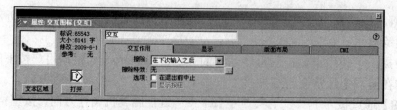

图 6-53   修改"交互作用"属性

（4）在"交互"图标右侧添加一个计算图标，在打开的"交互类型"对话框中选择"按键"交互类型，将其命名为 UpArrow。接下来双击 UpArrow 计算图标，在打开的对话框中输入以下代码：

```
y:=y-5
```

（5）重复上述步骤，在右侧分别添加 DownArrow、LeftArrow、RightArrow 计算图标，在对话框中分别输入以下代码：y:=y+5、x:=x-5 和 x:=x+5。

◆　演示窗口的左上角为坐标原点，x 轴向右，y 轴向下。

◆　UpArrow、DownArrow、LeftArrow、RightArrow 分别对应"↑"、"↓"、"←"、"→"键。

（6）在右侧添加一个群组图标"发射炮弹"，在属性面板的"类型"下拉列表框中选择"按键"选项，在"按键"选项卡的"快捷键"文本框中输入""""，如图 6-54 所示。

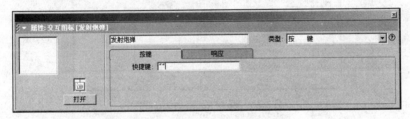

图 6-54　修改"发射炮弹"属性

（7）双击"发射炮弹"显示图标，在"层 2"的流程线上添加显示图标"炮弹"，导入图片文件"炮弹.jpg"。在"炮弹"的属性面板中，选择"位置"下拉列表中的"在屏幕上"选项，在"初始"单选按钮右面的两个文本框中分别输入"x+50"和"y+10"，如图 6-55 所示。

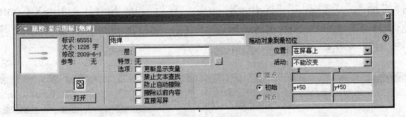

图 6-55　修改"炮弹"属性

◆　""""对应空格键。

◆　x+50，y+10 使炮弹发射初始位置位于飞机头部。

（8）在"炮弹"显示图标下添加一个移动图标"移动炮弹"，拖动"炮弹"显示图标到"移动炮弹"移动图标上，将"炮弹"链接到"移动炮弹"上。

（9）在"移动炮弹"属性面板中，选择"类型"下拉列表框中的"指向固定点"选项。在"定时"下拉列表框中选择"速率（sec/in）"选项，在其下面的文本框中输入 0.1。在"执行方式"下拉列表框中选择"同时"选项，在"目标"单选按钮右面的两个文本框中分别输入640 和 y，如图 6-56 所示。

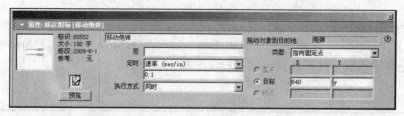

图 6-56　修改"移动炮弹"属性

（10）程序结构流程如图 6-57 所示。运行程序，按"↑"、"↓"、"←"、"→"键移动飞机位置，按空格键发射炮弹。

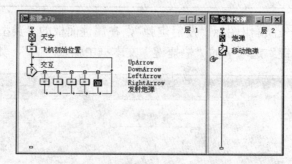

图 6-57　按键响应结构流程图

11. 事件响应

事件响应是一种比较特殊的响应方式，主要用于对 Xtras 对象（如 Sprite Xtras、Scripting Xtras 和 ActiveX 控件）发送的事件进行响应，用于程序与 Xtras 对象之间的交互。

【例 6-20】通过 ActiveX 控件显示当前时间。

（1）选择"插入"|"控件"| ActiveX 命令，在打开的 Select ActiveX Control 对话框中选择"日历控件 11.0"选项，如图 6-58 所示。单击 OK 按钮，打开如图 6-59 所示的属性窗口，单击 OK 按钮，在流程线上添加 ActiveX 控件。

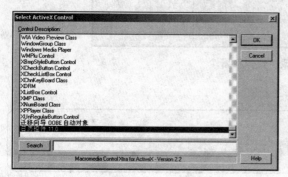

图 6-58　日历控件

图 6-59　属性窗口

（2）运行程序，按 Ctrl+P 键暂停，在演示窗口中调整控件的显示范围，如图 6-60 所示。

（3）在流程线上添加交互图标"事件"，在交互图标右侧添加群组图标"获取信息"，交互类型设置为"事件"。双击群组图标上方的响应类型标识符，在属性面板的"发送"列表框中双击"x 图标 ActiveX…"，在"事"列表框中双击 DblClick 选项，如图 6-61 所示。

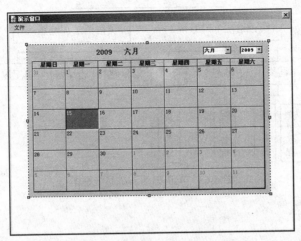

图 6-60　调整控件位置和大小

图 6-61　设置属性面板

（4）双击群组图标，进入"层 2"，添加计算图标"获取日期"和显示图标"显示日期"。双击计算图标，然后输入以下代码：

```
today:=GetSpriteProperty(@"ActiveX...",#Value)
```

（5）运行程序，按下 Shift 键的同时双击显示图标，在日历的下方输入文字"今天是：{today}"。

（6）再次运行程序，双击日历中的日期，在相应位置显示该日期。程序结构流程如图 6-62 所示。

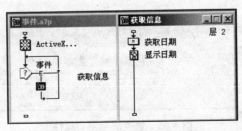

图 6-62　事件响应结构流程图

6.4　多媒体项目开发

Authorware 是多媒体课件的最佳开发工具，下面以如图 6-63 所示的"英语语法训练系统"为例，说明多媒体项目开发的过程和方法。

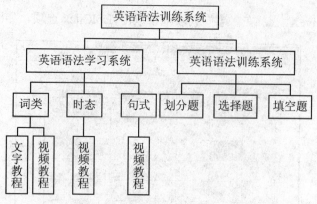

图 6-63　英语语法训练系统框图

6.4.1　主界面设计

多媒体课件的主界面为学习者提供教学内容选择，类似于书的目录。主界面结构流程如图 6-64 所示。

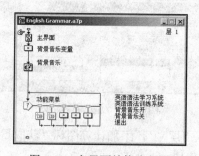

图 6-64　主界面结构流程图

在主界面屏幕中，通常使用"显示"图标引入背景图片，使用"声音"图标引入背景音乐，通过"交互"图标、"群组"图标等实现章节的选择，实现步骤如下。

（1）选择"修改"|"文件"|"属性"命令，在打开的"属性：文件"对话框中选择演示窗口大小为"640×480（VGA, MAC13）"，选中"显示标题栏"和"屏幕居中"复选框，如图 6-65 所示。

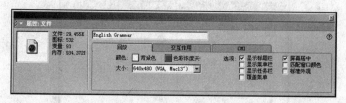

图 6-65　修改演示窗口属性

注意

◆　窗口大小等运行环境的设置是为了与导入图像相匹配。

◆　要改变运行时演示窗口的大小，还可以通过添加计算图标并在其中输入系统函数 ResizeWindow()实现。

（2）选择"文件"|"导入和导出"|"导入媒体"命令，在打开的"导入哪个文件？"对话框中选择图像文件"主界面.jpg"，单击"导入"按钮，在流程线上添加一个显示图标。双击显示图标，主界面如图 6-66 所示。

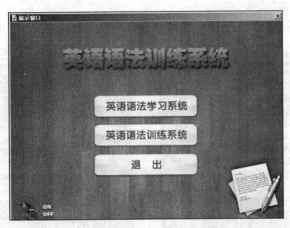

图 6-66　系统主界面

注意

- 程序中所有的背景图像使用 Photoshop 进行处理。
- 界面使用木纹图片作为背景，通过不同颜色区分各个模块。
- 按钮的制作主要使用白色图形。
- 将透明、投影和渐变的效果用于标题、按钮文字和边框。

（3）在显示图标后添加一个计算图标，并将其命名为"背景音乐变量"。双击该图标，在弹出的对话框中输入变量初始值 music=1。

（4）在计算图标后添加一个音乐图标，并将其命名为"背景音乐"。双击该图标，显示"属性：声音图标"面板，然后单击"导入"按钮，选择背景音乐文件 song.mp3。单击"计时"选项卡，选择执行方式为"永久"，选择播放为"直到为真"，在播放下面的文本框中输入music=0，在"开始"文本框中输入 music=1，如图 6-67 所示。

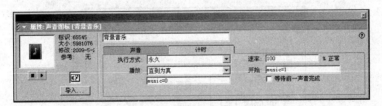

图 6-67　设置声音属性

（5）在计算图标后添加一个交互图标，并将其命名为"功能菜单"。

（6）将群组图标拖到交互图标的右侧，在打开的"交互类型"对话框中选择"热区域"，并命名为"英语语法学习系统"。再添加一个群组图标，并将其命名为"英语语法训练系统"。分别添加三个计算图标，分别命名为"背景音乐开"、"背景音乐关"和"退出"。

（7）双击计算图标"背景音乐开"，在弹出的对话框中输入代码 music=1；双击计算图标

"背景音乐关"，在弹出的对话框中输入代码 music=0；双击计算图标"退出"，在弹出的对话框中输入代码 Quit()。

（8）双击显示图标"主界面"，按下 Shift 键的同时双击交互图标"功能菜单"，同时显示背景图片和热区域，如图 6-68 所示。

（9）将各个热区域分别拖到相应位置并调整它们的大小，如图 6-69 所示。

图 6-68　同时显示背景与热区域　　　　　　图 6-69　调整热区域位置

注意

◆　运行程序，播放背景音乐。单击图片中的 OFF 区域，停止播放音乐；单击 ON 区域，播放音乐；单击"退出"区域，停止程序运行。

◆　单击"英语语法学习系统"和"英语语法训练系统"没有任何反应，这是由于相应程序尚未编写。

（10）将文件以 English Grammar.a7p 为名保存。

6.4.2　英语语法学习系统界面设计

双击"英语语法学习系统"图标，进入"英语语法学习系统"层，该层的结构流程如图 6-70 所示，其实现步骤如下。

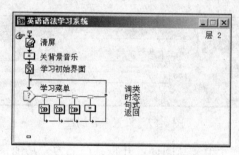

图 6-70　英语语法学习系统结构流程

（1）将擦除图标拖到流程线上，将其命名为"清屏"。双击图标，在弹出的演示窗口中显示上一层的对象，单击上一层的所有对象将它们擦除。也可以在同时弹出的"属性：擦除图标"对话框中进行修改，如图 6-71 所示。

图 6-71　擦除图标属性

 注意

◆ Authorware 显示下一层时，默认显示上一层的对象，如果不需要的话，必须将它们逐个擦除。

（2）添加计算图标，并将其命名为"关背景音乐"。双击图标，然后输入以下代码：

```
music:=0
```

（3）导入英语语法学习系统初始界面对应的图片文件"学习.jpg"，将显示图标命名为"学习初始界面"。

（4）添加交互图标，并将其命名为"学习菜单"。添加三个群组图标，交互方式为"热区域"，分别命名为"词类"、"时态"、"句式"。添加计算图标，并将其命名为"返回"，然后双击图标，输入以下代码：

```
GoTo(IconID@"主界面")
```

（5）双击显示图标"学习初始界面"，按下 Shift 键的同时双击交互图标"学习菜单"，同时显示背景图片和热区域，将各个对象分别拖到相应背景图片的相应位置并调整它们的大小，如图 6-72 所示。

图 6-72　英语语法学习系统界面

（6）运行程序，在主界面中单击"英语语法学习系统"按钮，显示"英语语法学习系统"界面，单击"返回"按钮，返回到主界面。

6.4.3　词类功能实现

学习系统包含词类、时态、句式的学习，词类的实现步骤如下。

（1）双击"英语语法学习系统"层中的"词类"图标，进入"词类"层，该层的结构流程如图 6-73 所示。"词类背景"显示图标中的文件为"词类.jpg","返回"计算图标中的命令代码如下：

```
GoTo(IconID@"学习初始界面")
```

（2）交互类型为热区域，界面与热区域设置情况如图 6-74 所示。

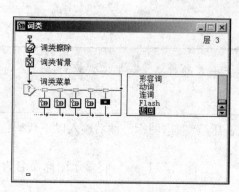

图 6-73　词类结构流程

图 6-74　词类界面与热区

（3）双击"名词"图标，进入"名词"层，该层的结构流程如图 6-75 所示。"名词背景"显示图标中的图片文件为"名词.jpg"。

（4）将框架图标拖到流程线上，并将其命名为"导航"。双击"导航"图标，打开如图 6-76 所示的导航层。

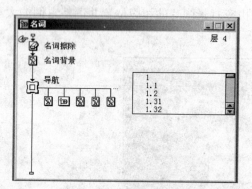

图 6-75　名词结构流程

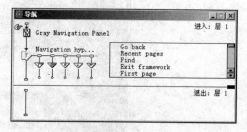

图 6-76　导航层

- 框架是交互图标的集成，默认包含 Go back、Recent pages、Find、Exit framework、First page、Previous page、Next page、Last page 八个交互按钮。
- Gray Navigation Panel 是默认的导航按钮，可以将其删除。

（5）分别单击 Go back 和 Recent pages，按 Delete 键将它们删除。双击每个交互图标上方的交互响应类型按钮，在打开的属性面板中将交互类型改为"热区域"，如图 6-77 所示。

（6）双击"名词"层中的"名词背景"显示图标，按住 Shift 键双击"导航"层中的交互图标，调整各个热区域的位置，与背景图像的相应按钮重合，如图 6-78 所示。

图 6-77　交互图标属性

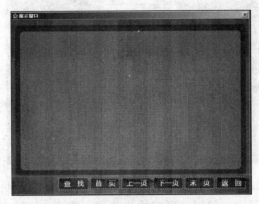

图 6-78　名词界面按钮与热区域

（7）右击 Exit framework 图标，在弹出的菜单中选择"计算"命令，在打开的对话框中输入代码：GoTo（IconID@"词类背景"）。双击 Exit framework 图标，在属性面板中将"目的地"修改为"计算"，如图 6-79 所示。

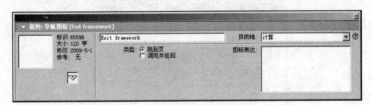

图 6-79　修改目的地

（8）将显示图标拖到"导航"图标的右侧，并将其命名为"1"。双击图标"1"，在演示窗口中输入相关内容，如图 6-80 所示。使用同样的方法完成 1.1、1.2 等其他页面的制作。

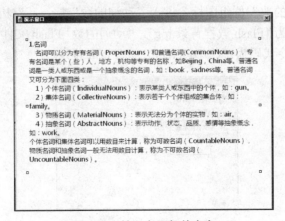

图 6-80　输入名词相关内容

（9）运行程序，依次单击"英语语法训练系统"、"语法"、"名词"，进入"名词"界面。单击"首页"按钮、"上一页"按钮、"下一页"按钮、"末页"按钮，设置程序跳转到相关页面，显示名词的相关知识；单击"查找"按钮，打开"查找"对话框，在文本中查找相关内容，如图 6-81 所示；单击"返回"按钮，返回到"词类"界面。

图 6-81　名词界面及查找效果

（10）同样方法实现冠词、代词、形容词、动词、连词功能的实现。

（11）下面是"Flash 视频教程"功能的实现方法。双击 Flash 群组图标，出现 Flash 层，其结构流程如图 6-82 所示。"Flash 背景"显示图标中的图片为"Flash 动词.jpg"文件，"返回"计算图标中的语句为：GoTo（IconID@"词类背景"）。

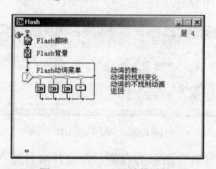

图 6-82　Flash 层结构流程

（12）双击"动词的数"群组图标，进入"动词的数"层，其结构流程如图 6-83 所示，显示图标中的图片文件为"Flash 教程背景.jpg"，"动词的数"Flash 文件的导入方法可参考【例6-3】，计算图标中的命令代码为：GoTo（IconID@"Flash 背景"）。

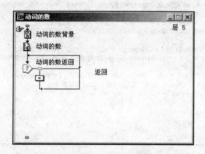

图 6-83　"动词的数"层结构流程

（13）运行程序，进入"Flash 视频教程"，播放"动词的数"的效果如图 6-84 所示。

图 6-84　"动词的数"的 Flash 播放效果

（14）时态、句式的制作方法相同，它们的结构流程如图 6-85 所示。

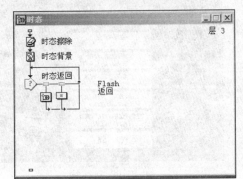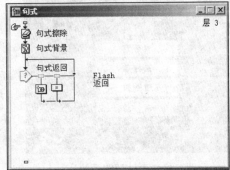

图 6-85　"时态"、"句式"结构流程

（15）时态、句式的运行效果如图 6-86 和图 6-87 所示。

图 6-86　"时态"运行效果　　　　图 6-87　"句式"运行效果

6.4.4　英语语法训练系统界面设计

英语语法训练系统通过对英语句子的语法分析实现语法训练的目的，其设计过程如下。

（1）语法训练的程序结构流程如图 6-88 所示。显示图标中的图片文件为"训练.jpg"，"返回"群组图标中包含一个计算图标，其中的代码为：GoTo（IconID@"主界面"）。

（2）"填空题"、"选择题"、"划分题"的结构流程如图 6-89 所示。

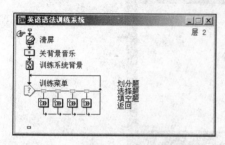

图 6-88　英语语法训练系统结构流程

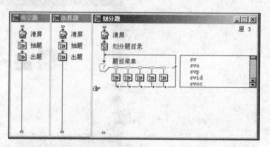

图 6-89　填空题、选择题、划分题的结构流程

（3）语法训练系统、划分题、选择题、填空题的运行界面如图 6-90 至图 6-93 所示。

图 6-90　语法训练系统

图 6-91　划分题

图 6-92　选择题

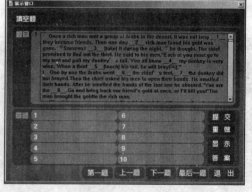

图 6-93　填空题

6.4.5　划分题总体设计

英语句子的基本结构包括主、谓，主、谓、宾，主、系、表，主、谓、直宾、间宾，主、谓、宾、宾补，划分题针对这五种句型结构进行训练，是英语语法训练系统的核心。

如图 6-94 所示为划分题中"主、谓"结构的结构流程，语法训练部分的抽题、出题功能使用 Access 2003 数据库实现。

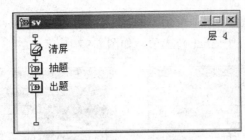

图 6-94　"主、谓"结构流程

1．创建数据库

利用 Access 软件创建数据库的步骤如下。

（1）运行 Access 2003 软件，新建空数据库 database.mdb。

（2）使用设计器创建表 sv，表格的字段名、类型、定义如表 6-2 所示，该表用于存储句型训练的相关数据。

表 6-2　创建 sv 数据表

字段名	数据类型	字段定义
sn	数字	题目编号
question1	文本	题目内容
question2	文本	题目单词划分编号
s	文本	主语答案
v	文本	谓语答案
adv	文本	状语答案

（3）双击表，输入记录，如图 6-95 所示。

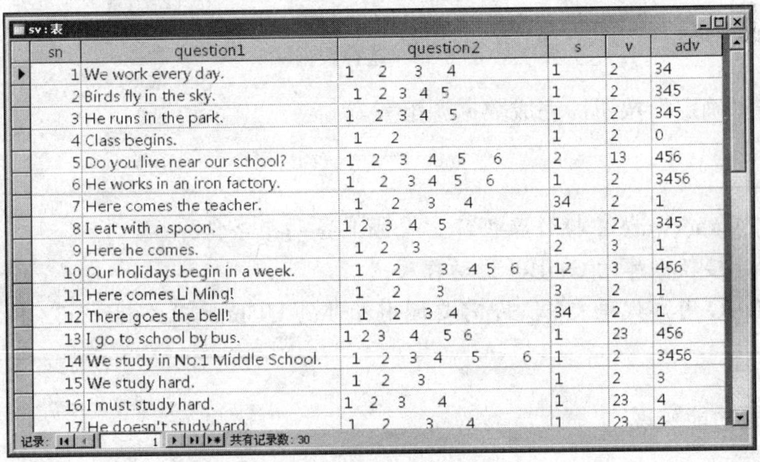

sn	question1	question2	s	v	adv
1	We work every day.	1　2　3　4	1	2	34
2	Birds fly in the sky.	1　2　3　4　5	1	2	345
3	He runs in the park.	1　2　3　4　5	1	2	345
4	Class begins.	1　2	1	2	0
5	Do you live near our school?	1　2　3　4　5　6	1	13	456
6	He works in an iron factory.	1　2　3　4　5　6	1	2	3456
7	Here comes the teacher.	1　2　3　4	34	2	1
8	I eat with a spoon.	1 2　3　4　5	1	2	345
9	Here he comes.	1　2　3	2	3	1
10	Our holidays begin in a week.	1　2　3　4 5 6	12	3	456
11	Here comes Li Ming!	1　2　3　4	3	2	1
12	There goes the bell!	1　2　3　4	34	2	1
13	I go to school by bus.	1 2 3　4　5 6	1	23	456
14	We study in No.1 Middle School.	1　2　3　4　5　6	1	2	3456
15	We study hard.	1　2　3	1	2	3
16	I must study hard.	1　2　3　4	1	23	4
17	He doesn't study hard.	1　2　3　4	1	23	4

记录：|◄ ◄ 　　　1 　► ►| ►*　共有记录数：30

图 6-95　sv 数据表中的部分记录

2．配置数据库

创建数据库后，必须进行 ODBC 配置才能在程序中正常调用，具体步骤如下。

（1）选择"控制面板"|"管理工具"|"ODBC 数据源"命令，打开如图 6-96 所示的"ODBC 数据源管理器"对话框。

（2）在"用户 DSN"选项卡中单击"添加"按钮，在打开的"创建新数据源"对话框中选择 Microsoft Access Driver（*.mdb）选项，如图 6-97 所示。

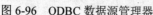

图 6-96   ODBC 数据源管理器   图 6-97   创建新数据源

（3）单击"完成"按钮，在打开的"ODBC Microsoft Access 安装"对话框中输入数据源名，然后单击"选择"按钮，选择数据库 database.mdb，如图 6-98 所示。

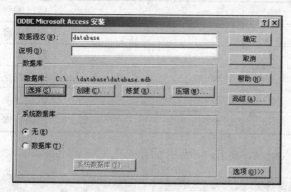

图 6-98   选择数据库

（4）单击"确定"按钮，完成数据源配置。

- ◆　在 Authorware 中操作数据库，必须具备两个条件：
- ◆　所连接数据库的 ODBC 驱动程序。
- ◆　ODBC 用户代码文件，即需要调用外部的 UCD 函数（odbc.u32 和 tmsdsn.u32）。

6.4.6   抽题功能实现

抽题功能实现从数据库随机抽题的功能，其结构流程如图 6-99 所示，步骤如下。

（1）"创建数据源"计算图标的代码如下：

```
dbReqType:="Microsoft Access Driver(*.mdb)"
dbList:="DSN=database;"
dbList:=dbList^"FIL=MS Access;"
dbList:=dbList^"DBQ="^"C:\English Grammar\database\database.mdb"
```

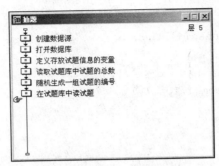

图 6-99 抽题功能结构流程

- 创建数据源实现与上节中创建的数据库进行连接。
- 数据库的具体位置 C:\English Grammar\database\database.mdb 根据实际情况书写。

（2）"打开数据库"计算图标的代码如下：

```
DatabaseName:="database"
ODBCError:=""
ODBChandle:=ODBCOpen(WindowHandle,ODBCError,DatabaseName,"","")
```

（3）"定义存放试题信息的变量"计算图标的代码如下：

```
bianhao:=Array(0,10)
tigan1:=Array("",10)
tigan2:=Array("",10)
s:=Array("",10)
v:=Array("",10)
adv:=Array("",10)
```

- 六个变量分别对应于数据表中的六个字段。

（4）"读取试题库中试题的总数"计算图标的代码如下：

```
SQLString:="select count(*)from sv"
Total:=ODBCExecute(ODBChandle,SQLString)
```

- 使用 SQL 语句将表中的记录数（试题总数）读到 Total 变量中。

（5）"随机生成一组试题的编号"计算图标的代码如下：

```
bianhao[1]:=Random(1,Total,1)
i:=2
j:=1
repeat while i<=10
temp:=Random(1,Total,1)
```

```
repeat while j<i
    if temp<>bianhao[j] then
        j:=j+1
    else
        temp:=Random(1,Total,1)
        j:=1
        i:=2
    end if
end repeat
bianhao[i]:=temp
i:=i+1
j:=1
end repeat
```

注意

◆ 使用 Random 函数产生第一道试题的编号，然后使用循环语句产生十道试题的编号。

（6）"在试题库中读试题"计算图标的代码如下：

```
i:=1
repeat while i<=10
SQLString:="select distinct question1 from sv where sv.sn="^bianhao[i]
tigan1[i]:=ODBCExecute(ODBChandle,SQLString)
SQLString:="select distinct question2 from sv where sv.sn="^bianhao[i]
tigan2[i]:=ODBCExecute(ODBChandle,SQLString)
SQLString:="select distinct s from sv where sv.sn="^bianhao[i]
s[i]:=ODBCExecute(ODBChandle,SQLString)
SQLString:="select distinct v from sv where sv.sn="^bianhao[i]
v[i]:=ODBCExecute(ODBChandle,SQLString)
SQLString:="select distinct adv from sv where sv.sn="^bianhao[i]
adv[i]:=ODBCExecute(ODBChandle,SQLString)
i:=i+1
end repeat
```

注意

◆ 根据编号抽取十道试题存在相应的变量中。

6.4.7 出题功能实现

完成了从数据库中抽选试题后，需要将存储在相应变量中的试题显示出来，并根据用户的答题结果进行评判，其结构流程如图 6-100 所示，步骤如下。

（1）"定义变量值"计算图标中的代码为：

```
i=1
```

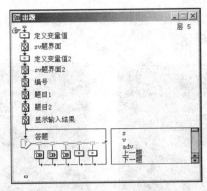

图 6-100　出题功能结构流程

注意

◆　变量 i 用于计数，初始值为 1。

（2）"定义变量值 2"计算图标中的代码为：

```
das:=""
dav:=""
daadv:=""
scores:=""
scorev:=""
scoreadv:=""
```

注意

◆　变量 das、dav、daadv，用于存储用户输入 s（主语）、v（谓语）、adv（状语）的答案，初始值为空。

◆　变量 scores、scorev、scoreadv 用于存储用户的成绩，初始值为空。

（3）"sv 题界面"、"sv 题界面 2"如图 6-101 所示。

图 6-101　sv 界面

（4）在 sv 界面上叠加"编号"、"题目 1"、"题目 2"、"显示输入结果"、"答题"后的界面分别如图 6-102 至图 6-106 所示。

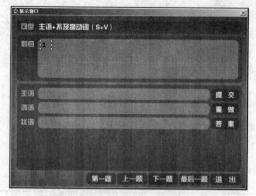

图 6-102　叠加编号

图 6-103　叠加题目 1

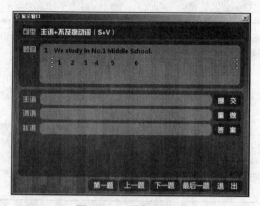

图 6-104　叠加题目 2

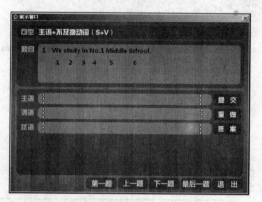

图 6-105　叠加显示结果

图 6-106　叠加答题

（5）热区域 s 的结构流程如图 6-107 所示，交互类型为"文本输入响应"，其中的计算图标代码为：

```
das:=EntryText
GoTo(IconID@"sv 题界面 2")
```

◆　变量 das 存储用户输入的 s（主语）。
　　◆　热区域 v、adv 的流程框图与 s 相同，代码与 s 相似，存储 v 和 adv 的值。

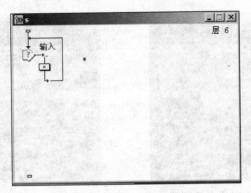

图 6-107　热区域 s 结构流程框图

（6）用户单击"上一题"、"下一题"、"第一题"、"最后一题"按钮，进行题目切换。计算图标"上一题"的代码为：

```
i:=i-1
GoTo(IconID@"sv 题界面")
```

　　◆　"下一题"为 i:=i+1、"第一题"为 i:=1、"最后一题"为 i:=10，其他则相同。

　　（7）单击"退出"按钮，返回到"句子成份划分题"界面。设置"退出"的代码为：

```
GoTo(IconID@"划分题目录"),
```

　　（8）单击"重做"按钮，程序跳转到"sv 题界面"，实现将用户的输入清除的功能。设置"重做"的代码为：

```
GoTo(IconID@"sv 题界面").
```

　　（9）在"主语"、"谓语"、"状语"文本框中分别输入对应的数字并按 Enter 键后，单击"提交"按钮，程序将用户的输入与数据库中的标准答案进行比较，效果如图 6-108 所示，程序代码如下：

```
if das=s[i] then
    scores:="正确"
else
    scores:="错误"
end if
if dav=v[i] then
    scorev:="正确"
else
    scorev:="错误"
end if
```

```
if daadv=adv[i] then
    scoreadv:="正确"
else
    scoreadv:="错误"
end if
```

（10）单击"答案"按钮，程序将用户的输入与标准答案同时显示，效果如图 6-109 所示。

图 6-108　判断用户的输入是否正确　　　　　图 6-109　显示用户答案与标准答案

6.4.8　选择题功能设计

选择题的功能是：用户选择后，系统将用户的选择同数据库中的标准答案进行比较，判断用户的选择是否正确，下面是其主要的设计思路。

（1）选择题的程序设计结构流程如图 6-110 所示。

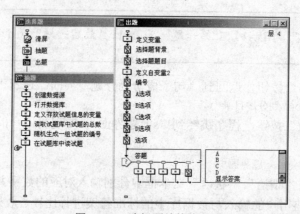

图 6-110　选择题结构流程图

（2）选择题使用 choice 表存储选择题训练的相关数据，该表相关字段如表 6-3 所示，部分记录如图 6-111 所示。

表 6-3　choice 数据表

字段名	数据类型	字段定义
sn	数字	题目编号
question	文本	题目内容
a	文本	选项 A

续表

字段名	数据类型	字段定义
b	文本	选项 B
c	文本	选项 C
d	文本	选项 D
answer	文本	选择题答案
explain	文本	答案详解

sn	question	a	b	c	d	answer	
1	You should be able to＿＿＿＿r	perceive	distinguish	sight	observe	B	答案：B。Distinguish
2	Any student who ＿＿＿ his h	reduces	offends	practices	neglects	D	答案：D。本句话的意
3	I promised to look＿＿＿ the	for	in	into	after	C	答案：C。"look into
4	Your sister has made an＿＿＿	appointn	interview	opportur	assignme	A	答案：A。Appointm
5	The committee is expected to＿	reach	arrive	bring	take	A	答案：A。我们习惯上
6	He spoke so quickly that I didn'	make for	make sure	make ove	make out	D	答案：D。Make out

图 6-111　choice 表的部分记录

（3）进入选择题界面后，选择某一单选项，单击"提交"按钮后，系统将用户输入的答案与数据库中的标准答案比较并显示结果，如图 6-112 所示。单击"显示答案"按钮，将正确答案与解释显示在文本框内，如图 6-113 所示。

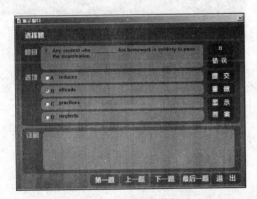

图 6-112　系统自动批改

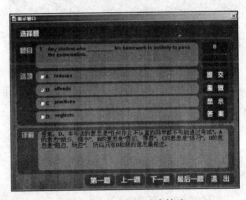

图 6-113　显示正确答案

（4）抽题功能的代码与划分题基本一致，出题功能中的显示图标内容如图 6-114 至图 6-119所示。

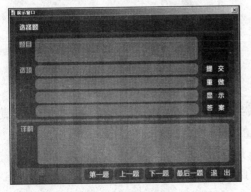

图 6-114　选择题背景

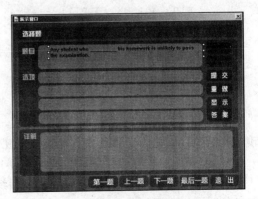

图 6-115　叠加选择题题目

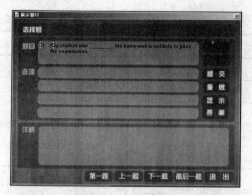

图 6-116　叠加编号

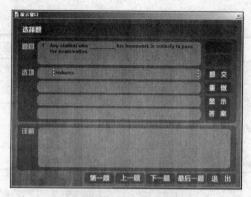

图 6-117　叠加 A 选项

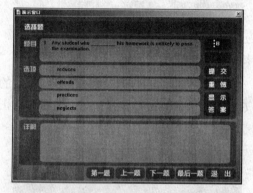

图 6-118　叠加选项

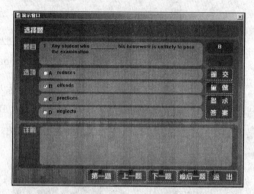

图 6-119　叠加答题

（5）"答题"交互图标中的大多数程序同划分题，用户在选择题中选择 A 选项（计算图标 A）的代码为：

```
da:="A"
Checked@"A":=TRUE
Checked@"B":=FALSE
Checked@"C":=FALSE
Checked@"D":=FALSE
```

（6）单击"提交"按钮，系统判断用户的选择是否正确，"提交"按钮对应的语句为：

```
if da=answer[i] then
    score:="正  确"
    rightda:=explain[i]
else
    score:="错  误"
end if
```

6.4.9　填空题功能设计

填空题的功能是：用户输入空格内容后，系统将用户的输入同数据库中的标准答案进行比较，判断用户的输入是否正确，下面是其主要的设计思路。

（1）填空题的程序设计结构流程如图 6-120 所示。

（2）填空题使用 blank 表存储填空题训练的相关数据，该表相关字段如表 6-4 所示，部分记录如图 6-121 所示。

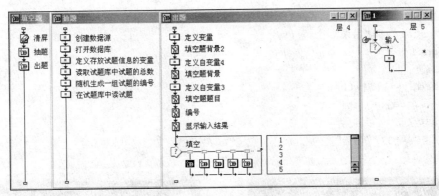

图 6-120　填空题结构流程图

表 6-4　blank 数据表

字段名	数据类型	字段定义
sn	数字	题目编号
question1~5	文本	题目内容 1~5
a~j	文本	填空题答案 1~10

sn	question1	question2	question3	question4	question5	a	b	c	d	e	f	g	h	i	j
3	Once a rich man met a group of Arabs in the desert. It was not my	id to his men,"Each of you must go to my tent and pull my	Then the chief asked his men to open their hands. He explained	to the rich man. The rich man was surprised. The chief explained		bef ore	the	mu st ha ve tak en	that	to uc he s	int o	but	thi ef	su re	so me
4	When you read a story in English, do you read it for the story. 1	instance, they care for how the mystery in the story 4 (solve	if you want to know the _5_ only,you need not bother.	carefully but also aloud _8_ you learn the passage by heart		or	that	fo oli sh ed	is solv ed	sto ry	fro m	wh at	till	we re	on e
5	It is commonly believed that school is _1_ people go	endless, _3_(comp are) with schooling.I t can take place anywhere.It	quite often produces surprises. A chance talk with a _6_ (forei	_7_starts long before the start of school. Schooling	same time,take _10_(fix) seats, use similar textbooks	wh ere	edu cati on	co mp are	the	Th ou gh	for eig hter	tha t	on	wh os e	fix ed

图 6-121　blank 表的部分记录

（3）进入填空题界面后，用户输入答案，单击"提交"按钮，系统将用户输入的答案与数据库中的标准答案比较并显示结果，如图 6-122 所示。单击"显示答案"按钮，将正确答案显示在文本框内，如图 6-123 所示。

（4）"答题"交互图标中的大多数程序同划分题，用户在填空题中填入第 1 个空，群组图标 1 中包含的计算图标所对应的代码如下：

```
daa:=EntryText
GoTo(IconID@"填空题背景")
```

（5）用户填完所有空格后，单击"提交"按钮，系统判断用户的输入是否正确，"提交"对应的语句如下：

```
if daa=a1[i] then
    scorea:="正确"
```

```
else
    scorea:="错误"
end if
……
if daj=j1[i] then
    scorej:="正确"
clsc
    scorej:="错误"
end if
```

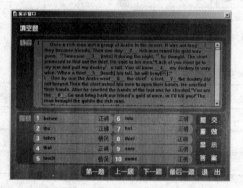

图 6-122   系统自动批改

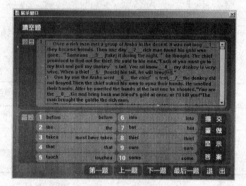

图 6-123   显示正确答案

注意

◆   daa~daj 分别对应于填空题中第 1~10 个空格。

6.4.10   打包

为了脱离 Authorware 环境单独运行，需要打包产生.exe 文件，还要将程序中用到的 Authorware 系统函数、通过链接方式调用的外部素材文件、为各种媒体提供支持的 Xtras 文件复制到打包文件所在的文件夹中。

（1）选择"文件"|"发布"|"打包"命令，打开如图 6-124 所示的"打包文件"对话框。

图 6-124   "打包文件"对话框

（2）在下拉列表框中选择"应用平台 Windows XP、NT 和 98 不同"选项，其他复选框全部取消选中。单击"保存文件并打包"按钮，打开"打包文件为"对话框。选择保存位置，文件名采用默认，单击"保存"按钮，完成程序的打包，生成 English Grammar.exe 文件。

◆ "无需 Runtime" 选项的扩展名为 a7r，不能脱离 Authorware 环境独立运行。
◆ "应用平台 Windows XP、NT 和 98 不同" 选项的扩展名为 exe，支持 Windows XP 和 Windows NT 系统，但不支持 Windows 98 系统。

（3）运行 English Grammar.exe 文件，打开如图 6-125 所示的对话框。该文件是播放时需要的系统支持文件，从 Authorware 安装目录中复制 js32.dll 文件。

图 6-125　缺少 dll 文件

（4）再次运行 English Grammar.exe 文件，打开如图 6-126 所示的对话框，显示缺少与程序相关的 Xtras 文件。

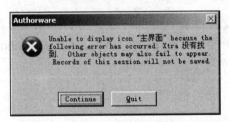

图 6-126　缺少 Xtras 文件

◆ Xtras 文件是位于 Authorware 的 Xtras 目录下扩展名为 x32 的文件，提供对图像、声音、动画等多媒体文件、3D 图像、动画和 Web 浏览窗口等扩展功能，特殊的屏幕过渡效果，以及自定义函数的支持。

（5）打开 Authorware 文件，选择 "命令" | "查找 Xtras" 命令，在打开的 Find Xtras 对话框中单击 "查找" 按钮，打开如图 6-127 所示的查找结果对话框。

图 6-127　查找结果对话框

（6）单击"复制"按钮，打开"浏览文件夹"对话框，将找到的文件复制打包文件。

（7）再次运行 English Grammar.exe 文件，打开如图 6-128 所示的对话框，这是因为缺少读写数据库的 odbc.u32 和 tmsdsn.u32 插件。

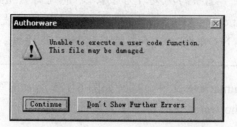

图 6-128　缺少读写数据库插件

注意

- UCD（User Code Dll）是用户自定义函数的缩写，在使用之前必须先引入到当前文件中。
- UCD 函数的后缀一般为 U32（32 位）或 UCD（16 位，在 Windows 3.x 中使用）。

（8）复制 Authorware 安装目录中的 odbc.u32 和 tmsdsn.u32 两个文件，再次运行程序，确认是否一切正常。完成以上操作后就可以在任何没有安装 Authorware 软件的计算机中正常运行 English Grammar.exe 文件了。

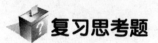

复习思考题

一、填空题

（1）Authorware 是基于_____和_____的多媒体制作工具，_____是 Authorware 最特殊、最核心的部分。通过_____、_____、_____、_____等图标将文本、图像、声音、动画、视频等各种媒体元素有效地集成在一起，通过_____、_____、_____、_____、_____、_____等图标使程序具有友好的、灵活的人机交互界面。

（2）Authorware 既可以使用_____绘图功能，方便地编辑各种图形，对文字实行多样化的处理，也可以直接使用_____制作的文字、图像、声音和数字电影等多媒体信息，为多媒体作品的制作提供集成环境。

（3）Authorware 中进行文字输入与图形绘制可以使用_____图标以及其中的_____工具箱实现。

（4）Authorware 可以导入各种文本文件、_____、_____和_____。

（5）_____动画将对象从演示窗口中的当前位置直接移动到另一个固定位置，是 Authorware 中最基本的动画效果；_____动画将显示对象从当前位置移动到一条直线上的某个位置；_____动画将显示对象移动到一个平面内；_____动画将显示对象沿预先定义的路径从路径的起点移动到路径的终点并停留在那里；_____动画将显示对象沿预先定义的路径移动，可停留在路径上的任意位置。

（6）Authorware 的交互图标提供了_____、_____、_____、_____、_____、_____、_____、_____、_____、_____、_____等 11 种交互响应类型。

（7）_____响应在窗口创建一个按钮，是多媒体程序中最常用的响应方式。

（8）_____响应常用于输入密码、回答问题等。

（9）主要用于对 Xtras 对象发送的事件进行响应，用于程序与 Xtras 对象之间的交互的响应方式是_____。

二、简答题

（1）使用 Authorware 开发多媒体项目的优势是什么？

（2）什么是知识对象？优缺点是什么？

（3）简述在 Authorware 中导入图像、动画的多种方法。

（4）比较按钮、热区域、热对象交互的异同点。

（5）比较时间限制响应、重试限制响应的异同点。

（6）打包时需要包括哪些文件？

三、操作题

（1）修改例 6-5，使音频文件作为背景音乐不断播放。

（2）修改例 6-13，应用菜单和热对象均能实现对音频的播放控制功能。

（3）比较例 6-5 与 6.4.1 节中设置音频的不同方法，尝试使用例 6-5 中的方法实现 6.4.1 节的功能。

（4）仿照名词功能的实现方法，完成冠词功能程序的设计。

（5）仿照词类功能的实现方法，完成时态功能程序的设计。

（6）仿照 6.4.6 节和 6.4.7 节，实现"主语＋谓语＋宾语"功能模块。

（7）完成选择题、填空题功能模块。

（8）打包文件，实现脱离 Authorware 平台运行功能。

第7章　多媒体网页制作

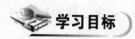 **学习目标**

本章将重点介绍多媒体网页的基础知识，帮助用户掌握使用 Dreamweaver 和 HTML 语言进行多媒体网页制作的方法。

学习要求

- 了解：网页、网站、HTML 标记等基本概念。
- 掌握：使用 Adobe Dreamweaver CS3、HTML 语言进行多媒体网页制作的方法。

随着基于网络的应用不断增加，多媒体网页已经成为目前应用最广泛的多媒体项目形式。当我们访问"新浪"、"搜狐"、"网易"等网站的时候，最直接访问的就是"网页"。网页是一种网络信息传递的载体，它的性质与我们日常的"报纸"、"广播"、"电视"等传统媒体是可以相提并论的。在网络上传递相关的信息（如文字、图像、多媒体音影）都存储在网页中，浏览者只需通过浏览网页就可以获取相关信息。

在浏览器的地址栏中输入网址，按 Enter 键，就打开了网页。选择浏览器窗口中的"查看" | "源文件"命令，自动打开记事本，里面是属于该网页的一些代码和内容，代码中包含 HTML 标记，如<head>（文档头标记）、<title>（文档名称标记）、<body>（正文标记）、<table>（表格标记）等。

超文本标记语言 HTML（HyperText Makeup Language）是一种用来创作万维网（Web）页面的简单标记语言，是进行网页编写的基础。Dreamweaver 是经典的网页制作工具，可以非常方便地制作漂亮的、布局复杂的网页。本章将结合 Adobe Dreamweaver CS3 和 HTML 语言介绍如何制作多媒体网页。

7.1　网站创建

网站由一组相关的网页文档组合而成，这些文档之间通过各种链接相互关联。当我们在浏览器中输入一个网站的域名时，就可以访问该网站的首页。网站以首页为起点，使用超链接与其他网页相互链接。

【例 7-1】使用 Dreamweaver 创建网站。

（1）启动 Dreamweaver CS3，该软件的界面如图 7-1 所示。

（2）选择"站点" | "新建站点"命令，在如图 7-2 所示的对话框中输入站点名称 mysite。

（3）单击"下一步"按钮，在打开的对话框中选中"否，我不想使用服务器技术"单选按钮，如图 7-3 所示。

（4）单击"下一步"按钮，在打开的对话框中选择默认项"编辑我的计算机上的本地副本，完成后再上传到服务器（推荐）"单选按钮，并在"您将把文件存储在计算机的什么位置"文本框中输入文件存放的目录，如图 7-4 所示。

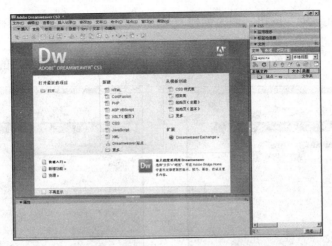

图 7-1 Dreamweaver CS3 启动界面

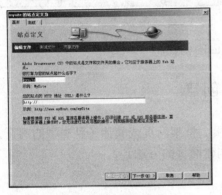

图 7-2 输入站点名称

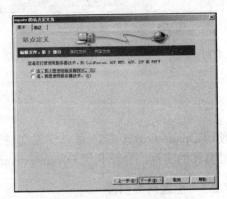

图 7-3 定义站点类型

注意

◆ 该选项创建一个静态站点。

◆ 如要创建动态站点,需要使用 ASP、JSP、PHP 等技术。

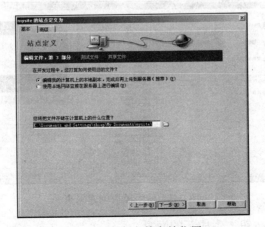

图 7-4 定义文件存储位置

（5）单击"下一步"按钮，因为创建的是静态站点，在"您如何连接到远程服务器？"下拉列表框中选择"无"，如图7-5所示。

（6）单击"下一步"按钮，在如图7-6所示的对话框中，显示站点的详细信息。

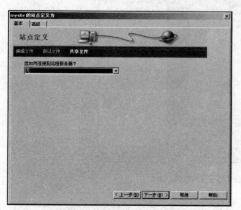 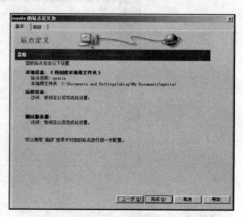

图7-5　定义连接服务器选项　　　　　　　　图7-6　站点总结

（7）单击"完成"按钮，完成本地站点mysite的创建。

7.2　网页创建

使用Dreamweaver CS3可以快速创建空白网页、框架网页或其他各种类型的网页。下面将通过具体的实例，介绍利用Dreamweaver软件创建网页的方法。

7.2.1　主题网页创建

使用主题模板创建网页的优点是速度快。

【例7-2】在Dreamweaver中，使用模板创建主题网页。

（1）选择"文件"|"新建"命令，打开"新建文档"对话框。

（2）在对话框左侧单击"示例中的页"选项，选择"示例文件夹"中的相应"示例页"选项，如图7-7所示。

图7-7　使用模板创建网页

（3）单击"创建"按钮，生成新的网页。

7.2.2 空白网页创建

使用主题模板创建网页的缺点是不够灵活。如果用户想自己设计并布置网页，可以通过新建普通空白网页实现。

【例 7-3】创建空白网页。

（1）选择"文件"|"新建"命令，打开"新建文档"对话框。

（2）在对话框左侧单击"空白页"选项，设置"页面类型"为 HTML、"布局"为"无"，然后单击"创建"按钮，新建空白网页文档。在代码窗口中可以看到自动生成的 HTML 代码，如图 7-8 所示。

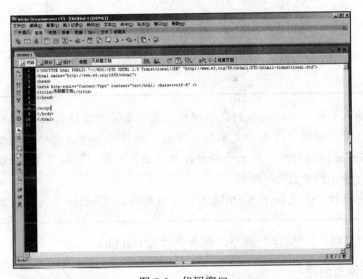

图 7-8　代码窗口

每个 HTML 文档都是由标记 <html> 开始，以标记 </html> 结束。整个 HTML 文件由两个部分组成（文档头（head）和正文（body）），其基本结构如下：

```
<html>
<head>
<title>...</title>
</head>
<body>
正文内容
</body>
</html>
```

注意

◆ <html> 标记是 HTML 文件最基本的标记，浏览器按照 HTML 的标准解释在 <html>与</html>之间的内容。

◆ <head>与</head>之间包含的是 HTML 文档头信息，其中的<title>与</title> 之间包含的是具体的 HTML 文档名称，在浏览器的标题栏中显示。

◆ <body>与</body> 之间是正文部分，它包含显示在浏览器文本窗口中的文档内容。

（3）在设计窗口中输入文本，如图 7-9 所示。

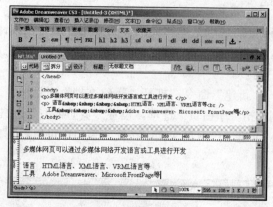

图 7-9　输入文本

注意

♦ 要输入空格，可以切换到代码视图，在需要添加空格的位置输入代码 " " 或在设计视图中单击 "文本" 标签的 "字符：不换行空格" 按钮。

♦ 按 Enter 键换行时，与上一行的距离很远，这是因为按下 Enter 键时默认的是一个段落（图中的<p>标记）。

♦ 若要换行，应先按下 Shift 键不放，然后再按下 Enter 键（图中的
标记）。

（4）选择 "文件" | "保存" 命令，保存文件为 text.htm。

7.2.3　框架网页创建

框架网页是一种特殊的网页，框架网页中有多个被称为框架的区域，每个框架都可以显示不同的网页。

【例 7-4】利用 Dreamweaver 软件创建框架网页。

（1）选择 "文件" | "新建" 命令，打开 "新建文档" 对话框。

（2）在对话框左侧单击 "示例中的页" 选项，设置 "示例文件夹" 为 "框架集"，设置 "示例页" 为 "上方固定，左侧嵌套"，如图 7-10 所示。

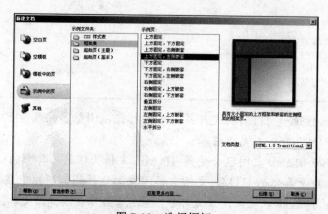

图 7-10　选择框架

（3）单击"创建"按钮，出现"框架标签辅助功能属性"对话框，如图 7-11 所示。

图 7-11 "框架标签辅助功能属性"对话框

◆ 框架中的 topFrame、leftFrame、mainFrame 分别对应图 2-10 中的上方的横幅框架、左侧的目录框架和右侧的主框架，一般采用默认名称即可。

（4）单击"确定"按钮，显示如图 7-12 所示的框架效果。

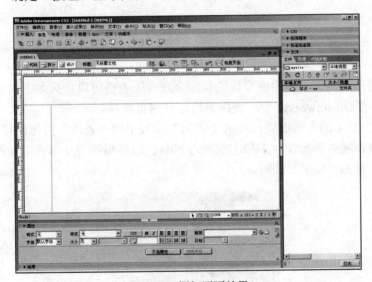

图 7-12 框架网页效果

（5）选择"文件"|"全部保存"命令，打开"另存为"对话框。按先后顺序保存整个框架文件为 index.htm，右侧框架文件为 main.htm，左侧框架文件为 left.htm，上方框架文件为 top.htm。

◆ 网站的首页文件名为 index.htm 或 index.asp，这是一种网站首页命名规范。
◆ 在浏览器地址栏中输入网址，即使不输入 index.htm 或 index.asp，浏览器也能正确找到该文件并正确显示出来，因为 Web 服务器默认的首页文件名是 index.htm 或 index.asp。

（6）如果用户对框架大小不满意，可以直接拖动框架的边框改变其大小。如果要改变整个框架集的边框宽度、颜色等参数，单击框架外边框，选中整个框架集，在如图 7-13 所示的"属性"面板中进行修改。如果要对单个框架进行修改，在按住 Alt 键的同时单击要修改的框架内部，选中该框架，在如图 7-14 所示的"属性"面板中进行修改。

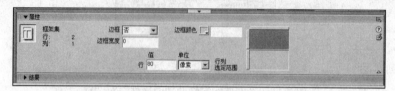

图 7-13　框架集属性面板

图 7-14　框架属性面板

7.3　使用表格进行网页布局

表格是页面布局时非常有用的设计工具，合理应用表格可以使页面中的元素更有条理。

【例 7-5】在 Dreamweaver 中，使用表格进行网页布局。

（1）单击例 7-4 的左侧框架，单击"布局"标签中的"表格"按钮，打开"表格"对话框。在对话框中设置表格为 3 行 1 列，宽度为 80%，边框粗细为 0 像素，如图 7-15 所示。完成以上设置后，单击"确定"按钮。

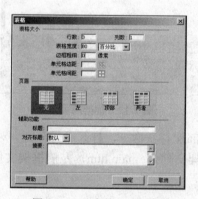

图 7-15　"表格"对话框

注意

◆　表格宽度设置为百分比，当网站访问者调整了浏览器窗口的大小时，网页的大小和表格会随之相应更改。

◆　"边框"用于设置表格边框的宽度，单位为像素，当设为 0 时，表格的边框线将不出现。

（2）在表格单元格中输入文字，如图 7-16 所示。

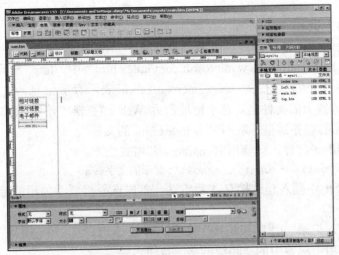

图 7-16 使用表格进行网页布局

（3）如果需要对表格进行编辑修改，可以将鼠标指针移到表格或单元格的边框位置，当鼠标指针变为双向箭头时单击，表格属性面板如图 7-17 所示。

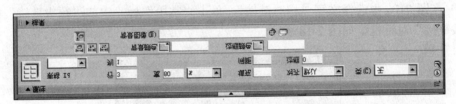

图 7-17 表格属性面板

注意

- 在 Dreamweaver CS3 中为了版式的安排，都是通过加入大量的表格来进行定位的。
- 如果在大表格中套入多重的小表格，会加大浏览器的负担，使页面呈现时间大大加长。
- 在使用表格时，应尽量避免表格的层层相套。

7.4 使用超链接实现页面链接

超文本链接（hypertext link）通常称为超链接（hyperlink），或者简称为链接（link）。它可以通过页面中的文字或图像连接到其他网页、图像、文件、邮箱或网站。

在 HTML 中，超链接的基本格式如下：

```
<a href="资源地址">显示的文字</a>
```

资源地址的标准表示方法称为统一资源地址（URL），信息资源在网络上的 URL 地址通常由以下三部分组成：

- 请求服务的类型，用于说明使用何种网络协议来存取资源（如 WWW 服务程序使用

HTTP（Hyper Text Transfer Protocol）协议；文件传送使用 FTP（File Transfer Protocol）协议等）。

- 网络上的主机名。
- 服务器上的文件名。

例如，在 <a href="http://www.microsoft.com/index.htm">中，http 表示使用的网络协议是 HTTP 协议；双斜线（//）之后的 www.microsoft.com 表示存放信息的主机名；斜线后面的 index.htm 表示服务器上的文件名。这个地址告诉 Web 浏览器"使用 HTTP 协议，从名字为 www.microsoft.com 的服务器里，取回名为 index.htm 的文件"。

如果需要链接电子邮件，就要用到 mailto，其格式如下：

```
<a href="mailto: userinfo@host">显示的文字</a>
```

在 Dreamweaver 中插入超链接有 4 种方法，首先选择需要添加超链接的对象，然后执行以下操作。

- 选择"插入记录"|"超级链接"命令。
- 单击"常用"标签中的"超级链接"按钮。
- 右击后在弹出的菜单中选择"创建链接"命令。
- 在"属性"面板中进行设置。

【例 7-6】在 Dreamweaver 中插入超链接。

（1）在图 7-16 中选择文字"相对链接"，单击"常用"标签中的"超级链接"按钮，打开"超级链接"对话框，如图 7-18 所示。

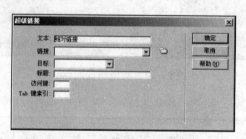

图 7-18　"超级链接"对话框

（2）在"链接"文本框中输入链接地址（或单击右面的文件夹图标），在打开的对话框中选择需要链接的文件。

注意

◆　在文本框中输入相对路径地址的方法如下：
- 如果要链接的目标文件与当前文档位于同一文件夹中，直接输入文件名。
- 如果位于子文件夹中，则提供子文件夹的名称，后跟正斜杠"/"，然后输入文件名。
- 如果位于父文件夹中，则在文件名前添加"../"（其中".."表示文件夹层次结构的上一级目录）。

（3）在"目标"下拉列表框中选择超链接目标的出现位置，如图 7-19 所示。

（4）选择 mainFrame，单击"确定"按钮，超链接即设置完毕。

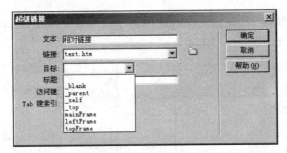

图 7-19　设置目标位置

注意

◆　_blank 表示单击超链接后，启动一个新的浏览器窗口载入被链接的网页。

◆　_parent 表示在上一级浏览器窗口中显示链接的网页文档。

◆　_self 表示在当前浏览器窗口中显示链接的网页文档。

◆　_top 表示在最顶端的浏览器窗口中显示链接的网页文档。

◆　mainFrame、leftFrame、topFrame 分别表示在相应框架中显示链接的网页文档。

（5）在图 7-16 中选择文字"绝对链接"，在属性面板的"链接"文本框中输入作者的网站地址 http://hein.blogcn.com，"目标"下拉列表框中选择 _blank，如图 7-20 所示。

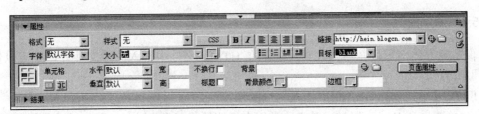

图 7-20　通过属性面板设置超链接

（6）在图 7-16 中选择文字"电子邮件"，单击"常用"标签的"电子邮件链接"按钮，打开如图 7-21 所示的"电子邮件链接"对话框。

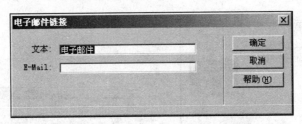

图 7-21　"电子邮件链接"对话框

（7）在 E-mail 文本框中输入作者的电子邮件 heinhe@126.com，然后单击"确定"按钮，超链接即设置成功（用户也可以在"属性"面板的"链接"文本框中直接输入 mailto:heinhe@126.com 设置超链接）。

（8）超链接设置完毕后，选择"文件"|"保存全部"命令。

（9）右击站点下的 index.htm 文件，在弹出的菜单中选择"在浏览器中预览"命令（或按 F12 功能键），在浏览器中显示 index.htm 文件内容。

（10）单击"相对链接"，在 mainFrame 框架中打开 text.htm，运行效果如图 7-22 所示。

（a）index.htm 文件预览

（b）在 mainFrame 框架中显示 text.htm

图 7-22　在浏览器中预览

（11）单击"绝对链接"选项，在新的浏览器窗口中显示作者的网站。单击"电子邮件"选项，弹出邮件管理软件界面，可以向作者发 E-mail。

7.5　多媒体网页的实现

多媒体网页通常包含图像、动画、音频和视频等多媒体元素。下面将通过具体的实例介绍利用 Dreamweaver 制作多媒体网页的方法。

7.5.1　添加图像

图像是多媒体网页最基本的元素，除了在 HTML 文档中插入图像文件外，还可以使用图像作为网页背景。

【例 7-7】在 Dreamweaver 中插入网页图像。

（1）单击 mainFrame 框架，单击"常用"标签的"图像"按钮，打开"选择图像源文件"对话框，如图 7-23 所示。

（2）选择图像文件"桥夜景.JPG"，单击"确定"按钮，打开"图像标签辅助功能属性"对话框，如图 7-24 所示。

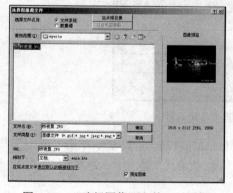

图 7-23　"选择图像源文件"对话框

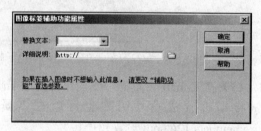

图 7-24　"图像标签辅助功能属性"对话框

（3）在"替换文本"文本框中输入文字"悉尼夜景"，单击"确定"按钮。切换到"代码"视图，设置其代码如下：

```
<img src="桥夜景.JPG" alt="悉尼夜景" width="400" height="300" />
```

- 插入图像文件的基本语句为：<img src="ImageName">，其中 ImageName 是图像文件的 URL 地址。
- 图像的 width、height 属性是图像文件的宽度与高度。
- alt 属性的作用是对图像进行说明，在浏览器中，当鼠标置于图像之上时，出现关于该图像的文字说明"悉尼夜景"。

【例 7-8】在添加网页背景图像。

（1）右击 mainFrame 框架中的任何位置，在弹出的菜单中选择"页面属性"命令（或者直接单击属性窗口中的"页面属性"按钮），打开如图 7-25 所示的"页面属性"对话框。

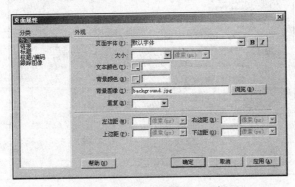

图 7-25　"页面属性"对话框

（2）单击"背景图像"文本框右侧的"浏览"按钮，打开"选择图像源文件"对话框，然后选择 background.jpg 文件。

（3）单击"确定"按钮，切换到"代码"视图，输入如下代码：

```
<body background="background.jpg">
```

- body 标记的 background 属性指定背景图像文件。
- 浏览器将其平铺，布满整个网页。
- 背景图像文件名不能为中文。

（4）保存文件。按下 F12 键，在浏览器中查看效果。

7.5.2　添加动画

在 Dreamweaver CS3 中，可以非常方便地插入 swf、flv 等 Flash 文件，Flash 按钮还可以实现超链接功能。

【例 7-9】在 Dreamweaver 中添加 Flash 动画。

（1）单击 topFrame 框架，然后选择"插入记录"|"媒体"|"Flash"命令，打开"选择文件"对话框。

（2）选择 clock.swf 文件，单击"确定"按钮，然后设置其关键代码为：

```
<embed src="clock.swf" quality="high" width="280" height="95"></embed>
```

（3）运行 index.htm 文件，在 topFrame 框架中可以看到 Flash 动画效果。

【例 7-10】在 Dreamweaver 中添加 Flash 按钮。

（1）在 leftFrame 框架原超链接文字表格后按 Enter 键换行。

（2）选择"插入记录"|"媒体"|"Flash 按钮"命令，打开如图 7-26 所示的"插入 Flash 按钮"对话框。

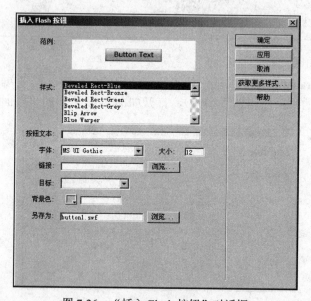

图 7-26　"插入 Flash 按钮"对话框

（3）在"按钮文本"文本框中输入超链接文本"相对链接"，在"链接"文本框中输入 text.htm，在"目标"下拉列表框中选择 mainFrame，然后单击"确定"按钮。

（4）保存文件。按 F12 键在浏览器中预览 Flash 按钮效果，单击"相对链接"按钮，同样可以实现【例 7-6】中的功能。

7.5.3　添加音频视频

在 HTML 文档中，可以实现单击文本播放声音、视频文件，或将声音、视频文件嵌入到 HTML 文档中，或在多媒体网页中插入背景音乐。

【例 7-11】在 Dreamweaver 中设置链接声音或视频文件。

（1）在"相对链接"按钮下换行，输入文字"链接声音文件"。

（2）选中文字"链接声音文件"，切换到"代码"视图，找到以下对应的代码：

```
<p>链接声音文件</p>
```

（3）将以上代码修改为：

```
<p><a href="music.mp3">链接声音文件</a></p>
```

（4）保存文件，按下 F12 键在浏览器中预览效果，单击文字"链接声音文件"，浏览器将调用系统默认的播放器进行声音或视频文件的播放。

【例 7-12】在 Dreamweaver 中设置嵌入声音或视频文件。

（1）在任何框架中单击，切换到"代码"视图，在<body></body>之间添加代码：

```
<embed src="music.mp3" autostart=true width=350 height=150 loop=
true></embed>
```

（2）保存文件，按下 F12 键，在浏览器的网页中显示如图 7-27 所示的播放器播放音乐。

图 7-27 嵌入播放声音文件

◆ 嵌入的播放器随系统的不同而不同。

◆ 属性 width、height 定义播放器的大小，若希望浏览器中不出现播放界面，可以将它们的值赋为 0。

◆ 属性 autostart=true 表示自动播放，loop=true 表示循环播放，autostart、loop 属性缺省时不会实现自动播放和循环播放功能。

◆ 链接或嵌入视频文件的方法与声音文件相同，只要将音频文件改为视频文件即可。

（3）在任何框架中单击，切换到代码视图。

（4）在<head>和</head>之间的任何位置加入代码：

```
<bgsound src="music.mp3" loop=-1>
```

（5）保存文件。按下 F12 键，预览网页，可以听到背景音乐。

◆ loop 表示循环次数，当 loop 设为-1 时，表示循环播放。

7.6 交互功能的实现

表单是信息交流的窗口，是收集用户反馈信息的有效方式。用户在表单中输入相关信息后，单击"提交"按钮可以提交表单。表单处理程序从表单中收集信息，将数据提交给服务器，服务器启动表单控制器进行数据处理，并将结果生成新的网页，显示在用户屏幕上。

表单的基本格式如下所示：

```
<form  action="URL"  method="GET|POST" >
<input  type=*  name=#>
……
</form>
```

表单中提供给用户进行输入的语句是<input type=* name=#>。其中"type=*"中的"*"代表不同的输入元素类型，如表 7-1 所示。"name=#"中的"#"代表表单元素的名称，供服务器的表单处理程序识别、处理。用户单击提交按钮后，可以通过 ASP 实现与服务器端的交互功能。

♦ action="URL" 中的 URL 指明客户端向服务器请求的文件，一般为 asp 文件（动态网页文件）。
♦ Method 表示浏览器与服务器之间的通信方法，包括 GET 或 POST。
♦ GET 传输方法表示将数据加在 Action 设定的 URL 地址后面传送到服务器，适合传输少量数据。
♦ POST 方法表示通过 HTTP POST 传输数据方式将输入数据传送到服务器，适合传输较大量的数据。

表 7-1   type 属性值

属性值	意义	属性值	意义
Button	按钮	Hidden	隐藏按钮
Checkbox	复选框	Submit	提交按钮
Textarea	多行文本输入区	Image	图像传送服务器
Text	文本框	Reset	重置按钮
Password	密码文本框	Radio	单选按钮

【例 7-13】在插入表单。

（1）新建空白网页文件 form.htm，单击属性面板中的"页面属性"按钮，在打开的"页面属性"对话框中输入标题"表单交互"，如图 7-28 所示（这样，在浏览器的标题栏中就会显示该标题）。

图 7-28   修改页面属性

（2）确定要插入表单的位置，选择"插入记录"|"表单"|"表单"命令，显示一个以虚线框住的矩形区域（表单域）。

（3）在表单域中，选择"插入记录"|"表单"|"文本域"命令，打开"输入标签辅助功能属性"对话框，在 ID 文本框中输入 T1，在"标签文字"文本框中输入"帐号"，如图 7-29 所示。

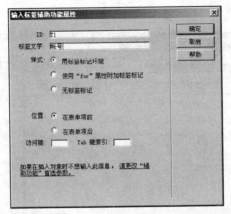

图 7-29　"输入标签辅助功能属性"对话框

（4）单击"确定"按钮。在"帐号"文本框后按 Enter 键，再次添加一个文本域，设置 ID 为 T2，"标签文字"为"密码"。

（5）在"密码"文本框后按 Enter 键，输入"性别："。选择"插入记录"|"表单"|"单选按钮组"命令，打开如图 7-30 所示的"单选按钮组"对话框。

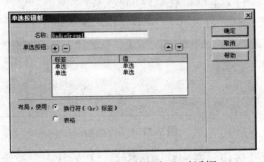

图 7-30　"单选按钮组"对话框

（6）分别单击"标签"下的文字，将它们修改为"男"和"女"，如图 7-31 所示。

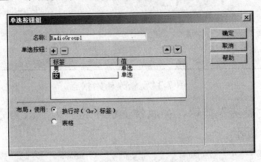

图 7-31　修改标签内容

（7）单击"确定"按钮。在"女"后按 Enter 键，输入"擅长："。选择"插入记录"|"表单"|"复选框"命令，在打开的"输入标签辅助功能属性"对话框中的"标签文字"后的文本框中输入文字"图像"。接下来，以相同的方法再插入三个复选框，分别输入"动画"、"音频"和"视频"。

（8）在"视频"后按 Enter 键，选择"插入记录"|"表单"|"按钮"命令，在打开的对话框中单击"确定"按钮，插入一个"提交"按钮。重复上述操作，再插入一个按钮，整个表

单如图 7-32 所示。

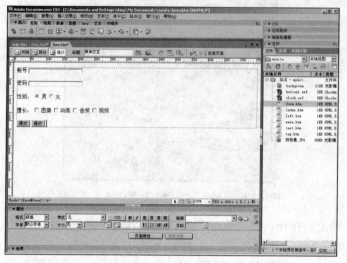

图 7-32　表单

（9）单击"密码"后的文本框，在属性面板中将"类型"修改为"密码"，如图 7-33 所示。这样，当用户输入密码时，在文本框中不会显示输入的字符。

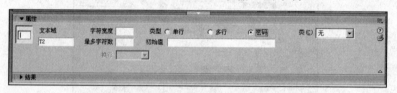

图 7-33　修改类型

（10）选中"男"单选按钮，在属性面板中将"初始状态"改为"已勾选"，如图 7-34 所示。这样，在浏览器中"男"选项处于选中状态。

图 7-34　修改初始状态

（11）选中第二个"提交"按钮，在属性面板中将"值"改为"重置"，将"动作"改为"重设表单"，如图 7-35 所示。

图 7-35　修改按钮属性

（12）单击表单周围的红色虚线，在表单的属性面板中，在"动作"后的文本框中填入 result.asp，如图 7-36 所示。"代码"视图中的关键代码如下：

```
<form id="form1" name="form1" method="post" action="result.asp">
```

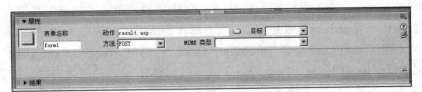

图 7-36　表单属性设置

◆　当用户填完表单，单击"提交"按钮后，可以通过 ASP 实现与服务器端的交
互功能。

◆　ASP 的运行平台是 Microsoft Windows XP 中的 IIS，要实现上述功能，需安装 IIS。

◆　IIS 安装完成后，需要将编写的文件存放到 C:\Interpub\wwwroot 目录下，或通
过设置虚拟站点，才可以进行访问。

【例 7-14】在 Windows 系统中进行设置，实现交互。

（1）单击"控制面板"中的"添加/删除程序"命令，在打开的"添加/删除程序"对话
框中单击"添加/删除 Windows 组件"按钮，打开如图 7-37 所示的"Windows 组件向导"对
话框，在该对话框中选中 IIS 组件，单击"下一步"按钮，按照系统默认设置完成 IIS 的安装
后，当前计算机就可以作为服务器来使用。

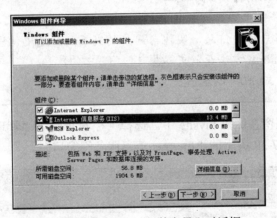

图 7-37　"Windows 组件向导"对话框

（2）针对 form.htm 文件中的表单，编写相应的 result.asp 文件，将用户在表单中输入的
信息显示出来，代码如下：

```
<html>
<head>
</head>
<body>
您的帐号为：<%=request.form("T1")%>, <br>
您的密码为：<%=request.form("T2")%>。
</body>
</html>
```

（3）将两个程序复制到 C:\Interpub\wwwroot 目录中。打开浏览器，在地址栏中输入 http://127.0.0.1/form.htm，在表单中输入帐号 abc，密码 111，单击"提交"按钮。客户端向服务器端发送 HTTP 请求 action="result.asp"，服务器收到请求后，使用 ASP 的脚本语言解释器解释原始程序，通过 result.asp 文件中的 request.form（"T1"）、request.form（"T2"）命令取得在 T1、T2 文本框中填入的信息，经处理后生成标准 HTML 格式的网页内容，传送到客户端，在客户端程序（浏览器）中显示结果，实现了简单的交互功能，如图 7-38 所示。

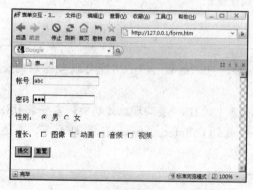
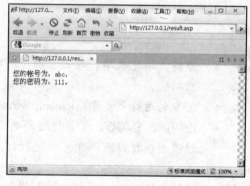

（a）填写表单 （b）返回结果

图 7-38 使用 ASP 实现交互功能

♦ ASP 文件可以用任何文本编辑器编写。

♦ 在 ASP 文件中，所有脚本命令都包含在 <% 和 %> 之间。

♦ 为了获取客户端的信息，实现与用户的交互，程序中使用了 ASP 的内置对象 Request 的 Form 方法获取文本框 T1、T2 中的信息。

♦ 上述步骤（3）也可以采用下面的方法实现。

（4）将两个程序保留在站点 mysite 中。选择"控制面板"|"管理工具"|"Internet 信息服务"命令，打开如图 7-39 所示的"Internet 信息服务"窗口。

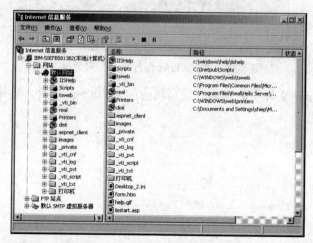

图 7-39 "Internet 信息服务"窗口

（5）右击"默认网站"，在弹出的菜单中选择"新建"|"虚拟目录"命令，打开"虚拟目录创建向导"对话框，单击"下一步"按钮，在如图 7-40 所示的对话框中输入虚拟目录别名"多媒体"。

（6）单击"下一步"按钮，输入网站所在目录，如图 7-41 所示。

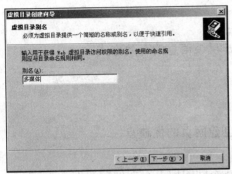

图 7-40　输入虚拟目录别名

图 7-41　输入网站所在目录

（7）连续 2 次单击"下一步"按钮，单击"完成"按钮，返回"Internet 信息服务"窗口。

（8）右击虚拟目录"多媒体"中的 form.htm 文件，在弹出的菜单中选择"浏览"命令，如图 7-42 所示。

图 7-42　浏览虚拟目录中的文件

（9）系统自动打开浏览器，加载 form.htm 文件。用户输入相关信息，单击"提交"按钮，服务器将处理后的结果传送到客户端，效果如图 7-38 所示。

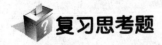 复习思考题

一、填空题

（1）_____已经成为目前应用最广泛的多媒体项目形式。

（2）_____是创作 Web 页面的简单标记语言，是进行网页编写的基础。

（3）_____标记是 HTML 文件最基本的标记；_____标记与_____标记之间包含的是具体的 HTML 文档名称，在浏览器的标题栏中显示；_____标记与_____标记之间

是正文部分，它包含显示在浏览器文本窗口中的文档内容。

（4）＿＿＿＿＿＿＿通过页面中的文字或图像连接到其他网页、图像、文件、邮箱或网站，其基本格式是＿＿＿＿＿＿＿。

（5）资源地址的标准表示方法称为＿＿＿＿＿＿＿，通常由＿＿＿＿＿＿＿、＿＿＿＿＿＿＿、＿＿＿＿＿＿＿三部分组成。

（6）插入图像文件的基本语句为＿＿＿＿＿＿＿。

（7）＿＿＿＿＿＿＿是信息交流的窗口，是收集用户反馈信息的有效方式。

二、简答题

（1）简述网站与网页的关系。

（2）简述使用 Dreamweaver CS3 的主题模板创建网页的优缺点。

（3）简述 HTML 文件的基本结构。

（4）在 HTML 文件中输入文本有哪些与 Word 不同的地方？如何解决？

（5）什么是框架网页？

（6）使用表格进行网页布局时主要有哪些问题需要考虑？

（7）在 Dreamweaver 中插入超链接有哪 4 种方法？

（8）简述表单的工作流程。

三、操作题

（1）使用框架、表格、超链接设计一个简单的网站，主题自选。

（2）在上述网站中添加图像、动画、音频和视频等多媒体元素。

（3）修改【例 7-13】、【例 7-14】，实现用户填完表单后，服务器返回所有填写信息的功能。

第 8 章 多媒体通信技术

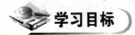 **学习目标**

本章将重点介绍多媒体通信的基础知识，帮助用户了解多媒体通信系统的开发方法。

学习要求

- 了解：多媒体通信、信道复用等基本概念和多媒体通信系统的开发方法。
- 掌握：应用 NetMeeting 进行多媒体通信的方法。

多媒体通信（Multimedia Communication）是多媒体技术与通信技术的有机结合，突破了计算机、通信、电视等传统产业相对独立发展的界限，是计算机、通信和电视领域的一次革命。在计算机的控制下，多媒体通信系统对多媒体信息进行采集、处理、表示、存储和传输。多媒体通信系统的出现大大缩短了计算机、通信和电视之间的距离，将计算机的交互性、通信的分布性和电视的真实性完美地结合在一起，向人们提供全新的信息服务。

8.1 多媒体通信技术概述

通信是将信息从一个地方传递到另一个地方的过程，多媒体通信意味着通信的内容包括图像、声音、视频、文字、超文本、控制信息以及其他数据，而不是单一的媒体形式，如图 8-1 所示。

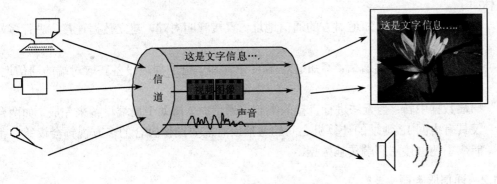

图 8-1 多媒体通信

多媒体通信涉及到多媒体信息的采集、压缩、通信传输、解压缩、重现、同步等环节，影响多媒体通信的主要因素是带宽、误码率、延迟和抖动。

- 带宽就是数据速率。视频的数据速率很大，音频次之，而文字信息的数据量通常比较小。
- 通信的延迟是指从发送到接收的时间差。各种媒体类型的延迟要求各不相同，但延迟不能太大，越小越好。
- 抖动就是延迟的不稳定性。一会延迟大，一会延迟小，就是抖动。音频要求比较严格，因为人的听觉很敏感，稍有异样就能够感觉出来，并且会感到不舒服。

● 误码率指错误代码量占传输总代码量的比率。不同媒体对误码率的要求也不同。

8.1.1　多媒体通信系统

多媒体通信系统通常包括终端、通信网络、局端设备等三部分，如图 8-2 所示。

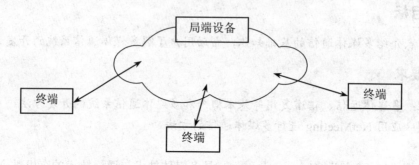

图 8-2　多媒体通信系统

● 终端是用户直接使用的设备，如手机、电话、计算机等。终端可能外接各种多媒体设备，如显示屏、摄像机、麦克风、扬声器、键盘或其他外围设备。终端的具体形式，可能是独立的专用设备，也可能由多媒体计算机加上软件来实现。

● 通信网络负责数据的远程传输，可以是电路交换系统（如普通电话），也可以是分组交换系统（如 Internet），或者是它们的混合系统。

● 局端设备主要负责用户管理、身份鉴定、链路呼叫控制、数据格式的转换等。如移动通信中的移动交换中心 MSC，视频会议中的多点控制单元 MCU、网关 GateWay 和网守 GateKeeper 等。

多媒体通信的实现方式包括直接端到端通信、局端协助的端到端通信、局端数据中转三种，具体如下。

● 直接端到端通信：知道对方的通信地址，直接呼叫对端，建立数据连接，进行多媒体通信。

● 局端协助的端到端通信：不知道对端的 IP 地址，借助局端设备获取对端的通信地址，然后开始通信。

● 局端数据中转：当无法进行直接的端到端通信时，借助于局端设备来完成。如两台都仅具有内网 IP 地址的计算机之间的通信或者需要图像融合的多方视频会议等，都不能或不便直接端到端传输数据。

8.1.2　通信服务器

通信服务器是一个专用系统，为网络上需要通过远程通信链路传送文件或访问远地系统或网络上信息的用户提供通信服务。通信服务器根据软件和硬件能力为一个或同时为多个用户提供通信信道。

1. 目录服务器

通信系统中的目录服务器在终端之间起到沟通作用。通信系统的任何终端必须有唯一的地址，才可以被确定位置，从而实现数据通信。在电话系统中，电话号码就是一种地址，而在

Internet 中，则以 IP 地址为寻址依据。知道了对方的 IP 地址，就可以根据 IP 地址建立连接，从而实现通信。

如果通信双方在通信前不知道对方的 IP 地址，就需要一台目录服务器。目录服务器具备公开的公网 IP 地址或者域名，任何终端都可以登录到该服务器上。当一个终端登录服务器时，终端需自报家门，告诉服务器"我是谁"，于是服务器上就动态地形成了一个在线的终端信息列表。在服务器收到"我是谁"的信息后，进行用户身份核查，如果是合法的用户，就将在线终端信息列表发送给该终端，即告诉这个终端"他们是谁"。接下来，每个终端都可以得到其他终端的信息，这其中就包括地址信息。

这样，通过目录服务器，每个终端都获得了其他各方的地址信息，于是就可以根据地址来连接任一其他终端，从而实现数据的通信，如图 8-3 所示。

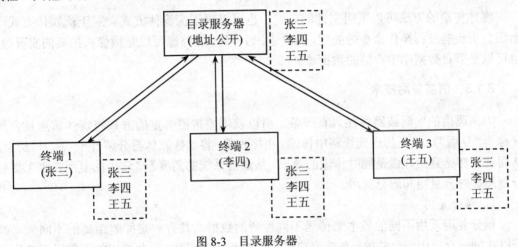

图 8-3　目录服务器

2. 中转服务器

Internet 中的 IP 地址分为两种情况，一种是公网 IP 地址，另一种是内网 IP 地址。内网 IP 地址仅在一个局域网内部使用，而要被局域网之外的计算机访问，则需要有"公网 IP"。

然而由于 IP 地址的数量有限，大部分局域网内部的计算机都采用内部 IP 地址，而这些内部 IP 地址是不能被外部访问的。

如果两台计算机分别处于两个不同的局域网内部，它们之间互相不可见，就必须通过中转服务器进行通信。

因为中转服务器是具备公网地址的计算机，两台局域网内部的计算机都可以主动连接到中转服务器，从而通过中转服务器来交换数据。一种基本的交换方式是通过中转服务器来转发数据，即中转服务器接收一方的数据并转发给另一方，反过来也一样，如图 8-4 所示。

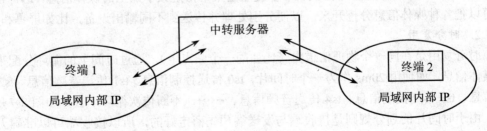

图 8-4　中转服务器

3. 媒体服务器

媒体服务器用来提供多媒体节目，接收终端的请求，并将终端要求的节目内容发送给终端，如图 8-5 所示。

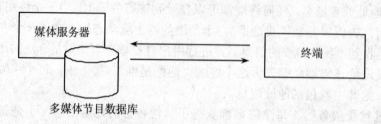

图 8-5　媒体服务器

媒体传输的方法可以采用文件的方式，也可以采用流媒体方式。对于流媒体方式，服务器还负责一些过程操作命令的处理，如快进、暂停等。媒体源可以是摄像机拍摄的实况数据流，也可以是节目数据库中存储的数据流。

8.1.3　信道复用技术

因为通信的实际线路往往只有一条，所以就需要按照一定的方式将媒体信息复合到一起（称为"复用"），然后传送到线路中传输。在接收端，将这些媒体再分解开来（称为"解复用"），从而达到在感官上好像是同时传输的效果。从通信系统的角度看，常用的复用技术主要包括频分复用、时分复用和码分复用。

1. 频分复用

频分复用采用不同的频率来传送不同性质的数据。具有一定间隔距离的不同频率的信号可以在同一介质中混合传输，在接收端它们也能够被分解开。因此可以把不同类型的媒体信息搬移到不同的频率上，然后让它们再混合在一起，并在同一介质中同时传输，如图 8-6 所示的 f1 和 f2。

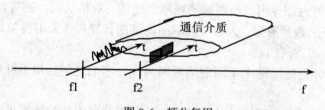

图 8-6　频分复用

在传统的模拟电视信号中，图像信号和伴音信号位于不同的频率位置上，属于频分的方法。在频分信号中，通过带通滤波就可以提取出某个指定频率点上的媒体信息，这样在接收端就可以把各种媒体信息分拣开来，以便分别处理并传送到不同输出设备，比如屏幕和喇叭。

2. 时分复用

时分复用是在同一个物理信道内（比如同一个频点上），通过时间上的循环分配来传输多种媒体信息。如使用 20ms 作为一个时间片，ts0 传送控制信息、ts1 传送音频信息、ts2 传送视频信息、ts3 传送控制信息、ts4 传送音频信息、……，不断依次循环下去，如图 8-7 所示。

由于时间片的划分规则是接收端与发送端预先商定好的，所以接收端可以准确无误地分解出各种不同的媒体信息，进行解码和播放显示。

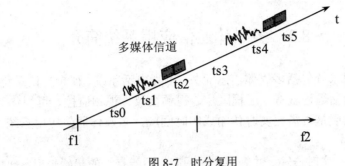

图 8-7　时分复用

　　实际上，由于每种媒体信息的数据量大小是不同的，如果平均分配时间片显然是不合理的。实际数据传输的时候可能是这样的：每次传送一个数据包，在这个数据包中包含若干字节的音频数据、若干字节的视频数据、若干字节的控制数据等等。这样，时间片的划分问题可以转化为字节数的比例搭配问题。

注意

◆　在通信系统中有专门的标准来规定各种媒体数据在信道中的比例搭配问题，这方面的标准称为"复用"标准，例如 H.223，H.225 等。

3. 码分复用

　　为了提高效率，在实际通信系统中往往采用码分复用技术，即在同一频率点的同一时隙（即时间片）中通过码分复用的方式来传输多组数据，每个组称为一个码道。

　　所谓码分，就是让每一个码道的数据携带上该码道独有的数据特征，然后混合在一起传输。在接收端，根据每个码道数据应有的特征，再将它们从信道中一一分拣出来，如图 8-8 所示。

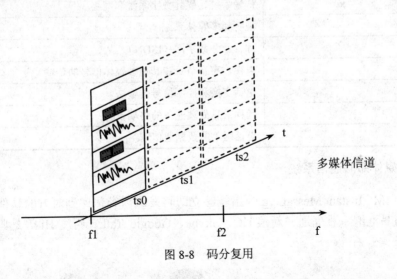

图 8-8　码分复用

注意

◆　一种媒体信息可以占据若干个码道，也可以将每种媒体的一小部分组织在一起，并放置到一个码道里传输。具体的组合、分配方法根据不同的通信系统而有所不同。

8.2　多媒体通信应用系统简介

多媒体通信应用系统包括多媒体消息业务、可视电话系统、视频会议系统、IP 电话、VoD 系统等，应用领域包括远程教育、远程医疗、视频会议、视频监控、可视化控制、多媒体网页（超媒体）等。按照是否需要实时传输或实时回应，多媒体通信应用系统大致分为以下 4 种类型。

- 会话型应用：实时传输，并需要实时回应，不能有大的起始延迟。如打电话（包括视频电话），通话时，往来总延迟不能超过 0.4 秒，否则会感觉不舒服。
- 流式应用：单向实时传输，不需要回应（除了控制信息），允许较大的起始延迟。除了部分控制信息上传之外，基本上属于广播的性质（如视频点播、在线看电影）。
- 交互型应用：不需要严格的实时传输。在人为干预下，更新媒体内容，允许有较大的延迟，如浏览网页。
- 背景型应用：发送以后不需要实时回应。往往采用存储转发的方式。数据发送到服务器之后，由服务器存储并找合适的机会发送到目的地。这一转发过程不需要人的参与和等待，在"暗地里"进行，如 E-mail 系统。

多年来，国际电信联盟（ITU）为公共和私营电信组织制定了许多多媒体计算和通信系统的推荐标准，以促进各国之间的电信合作。ITU 的 26 个（Series A～Z）系列推荐标准中，与多媒体通信关系最密切的 7 个系列标准如表 8-1 所示。

表 8-1　ITU 系列推荐标准

系列名	主要内容
Series G	传输系统、媒体数字系统和网络
Series H	视听和多媒体系统
Series I	综合业务数字网（ISDN）
Series J	电视、声音节目和其他多媒体信号的传输
Series Q	电话交换和控制信号传输法
Series T	远程信息处理业务的终端设备
Series V	电话网上的数据通信

8.2.1　多媒体即时通信系统

即时消息（IM，Instant Messaging），指能够立即将发送内容传递到对方的软件系统。ICQ、MSN、QQ、网易泡泡、雅虎通、新浪 UC、Skype、Google Talk、百度 Hi 等是典型的代表，如图 8-9 所示。

图 8-9　典型 IM

随着技术的发展和功能的扩充，即时消息软件不再局限于文字消息，还包括语音、图像、视频、白板、文件共享、远程协助等功能。不但能够用来交友聊天，对于企业来说，也是员工之间信息沟通的好方式，同时也为商家提供了与客户实时对话、获取商机的手段。

为了解决即时通信的标准问题，IETF（The Internet Engineering Task Force，互联网工程任务组）成立了专门的工作小组，研究和开发与 IM 相关的协议。

1. ICQ

ICQ 是最早的一款即时通信软件，源自以色列特拉维夫的 Mirabils 公司（成立于 1996 年7 月），后被 AOL 收购，功能得到增强，很快风靡全球。ICQ 就是英文 I SEEK YOU 的简称，中文意思是"我找你"。基本思路是实现类似电信寻呼（BP 机）的"网络寻呼机"，上网时，只要朋友也在使用这个软件，就可以立即找到他。其实，ICQ 的功能要远远比 BP 机强大得多，它不仅能起传呼的作用，还可以传送文件、发送电子邮件、找人聊天等，非常方便。

2. QQ

QQ 是中国版的 ICQ，即腾讯公司的 OICQ（OpenICQ）。目前，其功能已经得到极大的扩展，从"表情文件"到 QQ 群内直播世界杯，再到 QQ 游戏，用户众多，特别是中国学生，几乎人人都有 QQ 号码。

总的来看，对于国内用户，腾讯 QQ 无疑是做的最好的。现在的 QQ 已经不是当初单纯的即时通信软件了，除了可以和好友进行交流、信息即时发送和接收、语音视频面对面聊天外，还包括点对点断点续传文件、共享文件、QQ 邮箱、备忘录、网络收藏夹、发送贺卡、QQ 秀、QQ 宠物等多项功能，而且实现了 GSM 移动电话的短消息互联，后又推出 QQ 行、QQ 群及QQ 号码防止被盗的方法，功能庞大使人应接不暇。

3. MSN

MSN 也是一款广泛使用的即时消息软件。 MSN 本意是"微软网络服务"（Microsoft Service Network），提供一些收费的网络增值服务，后来扩展了免费的 Hotmail 和 MSN Messenger 服务。

另外，中国电信和微软 MSN 共同发布联合品牌的即时通信软件天翼 Live，并宣布开始试商用。在业内看来，此举还有另外一层意义，那就是通过 PC 版与手机版的互动，实现互联网应用向 3G 手机的延伸。

8.2.2 电视会议系统

20 世纪 90 年代初开发的电视会议标准是 H.320，它定义通信的建立、数字电视图像和声音压缩编码算法，运行在综合业务数字网（Integrated Services Digital Network，ISDN）上。在局域网上的桌面电视会议（Desktop Video Conferencing）采用 H.323 标准，这是基于信息包交换的多媒体通信系统。在公众交换电话网（Public Switched Telephone Network，PSTN）上的桌面电视会议使用调制解调器，采用 H.324 标准。它们的主要技术标准如表 8-2 所示。

表 8-2　主要电视会议技术标准

	H.320	H.323（V1/V2）	H.324
发布时间	1990 年	1996/1998 年	1996 年
应用范围	窄带 ISDN	带宽无保证信息包交换网络	PSTN
图像编码	H.261，H.263	H.261，H.263	H.261，H.263

续表

声音编码	G.711，G.722，G.728	G.711，G.722，G.728，G.723.1，G.729	G.723.1
多路复合控制	H.221，H.230/H.242	H.225.0，H.245	H.223，H.245
多点	H.231，H.243	H.323	
数据	T.120	T.120	T.120

　　在多媒体通信标准中，电视图像的编码标准都采用 H.261 和 H.263。H.261 主要用来支持电视会议和可视电话，并于 1992 年开始应用于综合业务数字网络。该标准采用帧内压缩和帧间压缩技术，可使用硬件或者软件来执行。H.263 是在 H.261 的基础上开发的电视图像编码标准，用于低位速率通信的电视图像编码，目标是改善在调制解调器上传输的图像质量，并增加了对电视图像格式的支持。

 注意　　◆　上述三种主要的电视会议系统选择的声音编码标准是不同的，主要是根据网络的带宽进行选择。

1. H.324 可视电话系统

　　可视电话就是在语音对讲的基础上，增加了视频互通的功能，不但能听到声音，同时可以看到对方的图像。在 20 世纪五六十年代就有人提出可视电话的概念，1964 年贝尔实验室提出了第一个可视电话解决方案，但是一直没有取得实质性的发展。直到 20 世纪 80 年代，可视电话才得以快速发展，这主要是得益于数字通信技术、芯片、传输、计算机、压缩技术、集成电路技术的发展和成熟。

 注意　　◆　H.324 走的是普通的模拟信号的电话线，它需要在调制解调器（Modem）的基础上工作。系统框图如图 8-10 所示，工作步骤如下。

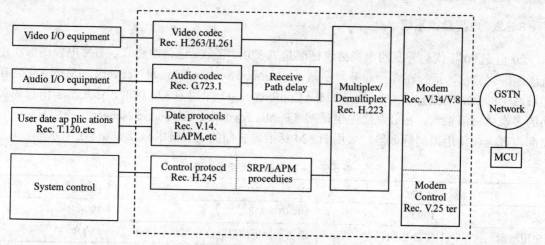

图 8-10　H.324 系统框图

- 由系统控制模块（System Control））进行 Modem 呼叫，建立底层数字化链路。
- 由 H.245 协议进行主从确定和能力交换，从而确定合适的通信方式。
- 启动视频音频的采集、压缩和传输过程，同时对接收到的视频音频数据进行解码显示和播放。

音频、视频、数据、控制信息等都通过 H.223 协议进行复用打包，然后交给 Modem 进行发送。由于音频和视频的压缩时间消耗不一样，因此为了同步，音频需要一定的人为延迟。

注意

♦ H.324 最初是为 V.34 Modem 设计的，目前可以支持 ISDN 和无线网络。H.324 的应用潜力很大，因为固定电话很普及，基础条件非常好。它可以在不对现有电话网络做任何改变的基础上，实现多媒体功能（话音+视频），同时话音效果没有太多的损失。

2．H.323 视频会议系统

视频会议主要指多方之间视频音频互通，也可以用于两方通话。H.323 视频会议系统涉及终端设备、视频音频和数据传输、通信控制、网络接口，还包括组成多点会议的多点控制单元（MCU）、多点控制器（MC）、多点处理器（MP）、网关（Gateway）以及网守（Gatekeeper）等设备，其系统结构如图 8-11 所示。

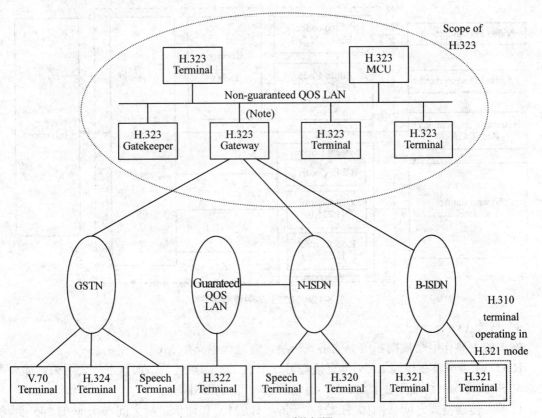

图 8-11　H.323 系统框图

终端设备负责通过音视频的输入设备采集音视频信号，通过网络传输至 MCU，MCU 将接收到的音视频信号进行整合，然后分发给所有的终端，终端解析 MCU 发来的数据包，将它们还原成音视频信号，输出至音视频输出设备，这样就实现了多方的视频会议。

3. H.323 视频会议终端

如图 8-12 所示为 H.323 终端的框图，包括用户设备界面、视频编码器、音频编码器、远程信息处理设备、H.225.0 层、系统控制功能、与 LAN 交互的界面，各模块功能如下：

- 视频编码器（如 H.261）把从视频源（如摄像机）传来的视频编码传送出去，并将接收到的视频代码解码，输出到视频显示器。

- 音频编码器（如 G.711）把从麦克风传来的音频信号编码传送出去，并将接收到的音频代码解码，输出到喇叭。

- 数据通道支持远程信息处理应用程序，如电子白板、静态图像传输、文件交换、数据库访问、可视会议等。用于实时可视会议的标准化数据应用程序是 T.120，其他应用程序和协议也可以通过 H.245 协商使用。

- 系统控制单元（H.245）为 H.323 终端提供呼叫控制、能力交换、命令和指令的信号化、消息打开，并描述逻辑信道的内容。

- H.225.0 层（H.225.0）将传送的视频、音频、数据和控制流转化成消息格式并输出到网络界面，从网络界面输入的消息中恢复接收到的视频、音频、数据和控制流，还执行适合每种媒体形式的逻辑分帧、顺序编号、错误检测和错误改正。

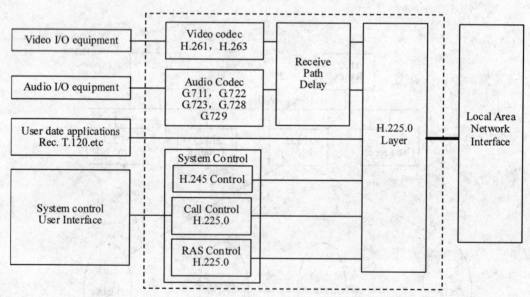

图 8-12　H.323 终端设备框图

4. 网关（Gateway）

网关的主要作用是数据和信令的格式转换，有时候也充当 MCU。

H.323 端点可以在相同 LAN 上直接与另一个 H.323 端点通信，而且不需要网关。如果不要求与 SCN 终端（终端不在 LAN 上）通信的话，可以省略网关。

网关在传送格式之间（例如 H.225.0 到/从 H.221）和通信进程之间（例如 H.245 到/从 H.242）提供适当的翻译。在 LAN 和 SCN 上执行呼叫建立和清除功能。视频、音频和数据格式之间的翻译也可以在网关中进行。通常，网关的目的（不充当 MCU 时）是以透明方式向 SCN 端点反映 LAN 端点的特性，以及反向翻译。

5. 网守（Gatekeeper）

网守也叫关守，在 H.323 系统中是任选的，它提供对 H.323 端点的呼叫控制服务。虽然网守与端点是逻辑分开的，但它物理上可以与终端、MCU、MC、网关，或其他非 H.323 LAN 设备共存。当网守在系统中出现时，它提供地址转换、许可控制、带宽控制、地域管理，甚至包括目录服务。

6. 多点控制单元（MCU）

与电话交换机相似，MCU 的作用就是在视频会议三点以上时，决定将哪一路图像作为主图像广播出去，供其他会场点收看。在具有 MCU 的会议系统里，所有终端的音视频数据均实时传到 MCU 供选择广播。

MCU 应该包含 MC 和零个或多个 MP。MC 提供支持多点会议中三个或多个端点之间的会议的控制功能。MP 从集中或混合多点会议的端点接收到音频、视频或数据流，处理这些媒体流并将它们返回给端点。

注意

◆　典型的支持集中式多点会议的 MCU 包含一个 MC 和一个音频、视频和数据 MP，典型的支持分散式多点会议的 MCU 包含一个 MC 和一个支持 T.120 协议的数据 MP。

8.2.3　IP 电话

IP 电话（Voice over Internet Protocol，VoIP）是按照国际互联网协议规定的网络技术内容开通的电话业务，它是利用 Internet 为语音传输的媒介，进行实时的语音传输服务，从而实现语音通信的一种全新的通信技术。IP 电话可分为 PC 到 PC、PC 到电话、电话到电话等 3 种。

最初的 IP 电话是个人计算机与个人计算机之间的通话。通话双方拥有带有调制解调器、声卡及相关软件的计算机，约定时间同时上网，然后进行通话。在这一阶段，只能完成双方都知道对方网络地址，并必须在约定时间同时上网的点对点的通话。

目前，国际上许多大的电信公司推出了普通电话与普通电话之间的 IP 电话，其原理是将普通电话的模拟信号进行压缩打包处理，通过 Internet 传输，到达对方后再进行解压，还原成模拟信号，对方用普通电话机等设备就可以接听。

在传统电话系统中，一次通话从建立系统连接到拆除连接都需要一定的信令来配合完成。同样，在 IP 电话中，如何寻找被叫方、如何建立应答、如何按照彼此的数据处理能力发送数据，也需要相应的信令系统（一般称为协议）。目前在国际上，比较有影响的 IP 电话方面的协议包括 ITU-T 提出的 H.323 协议和 IETE 提出的 SIP 协议。

8.2.4　视频点播 VoD

视频点播（Video on Demand，VoD）也称为交互式电视点播系统，出现于 20 世纪 90 年代，可以根据用户的需要播放相应的视频节目，从根本上改变了用户过去被动看电视的不足。用户打开电视后，可以不看广告，不为某个节目赶时间，而是随时直接点播希望收看的内容，就好像播放刚刚放进自己家里录像机或 VCD 机中的一部片子。

VoD 系统是用来按用户需求将视频信息通过宽带发布的一种方式，按照业务交互性能大体分为以下两类。

- 全交互型 VoD：根据用户的点播指令，网络向用户提供单独的信息流。
- 准 VoD：每个电影节目按照一定的时间间隔，重复发送有限个信息流，供给所有的点播用户使用，这种点播方式的用户得到响应的时间可能在 0～15 分钟之间。

VoD 技术不仅可以应用在电信的宽带网络中，同时也可以应用在小区局域网及有线电视的宽带网络中。如今，在建设智能小区过程中，计算机网络布线已成为必不可少的一环，小区用户可以通过计算机、电视机（配机顶盒）等方式实现 VoD 视频点播应用，丰富了人们的文化生活。有线电视经过双向改造，也可以让广大的电视用户通过有线电视网点播视频节目。

点播时，用户首先获取一个节目表，然后选择并发出播放指令。服务器根据用户的指令到节目库中检索出符合要求的视频，通过高速传输网络，流式地传送到客户端进行播放。

从通信的角度看，VoD 系统主要由服务端系统、网络系统和客户端系统三部分构成，如图 8-13 所示。

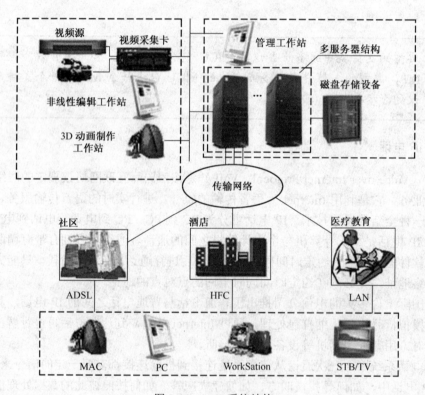

图 8-13　VoD 系统结构

1. 服务端系统

服务端系统主要由视频服务器、档案管理服务器、内部通信子系统和网络接口组成。视频服务器主要由存储设备、高速缓存和控制管理单元组成，其目标是实现对媒体数据的压缩和存储，按请求进行媒体信息的检索和传输。视频服务器与传统的数据服务器有许多显著的不同，需要增加许多专用的软硬件功能设备，以支持该业务的特殊需求。例如，媒体数据检索、信息流的实时传输以及信息的加密和解密等。

- 档案管理服务器主要承担用户信息管理、计费、影视材料的整理和安全保密等任务。
- 内部通信子系统主要完成服务器间信息的传递、后台影视材料和数据的交换。
- 网络接口主要实现与外部网络的数据交换和提供用户访问的接口。

对于交互式的 VoD 系统来说，服务端系统还需要实现对用户实时请求的处理、访问许可控制、VCR（Video Cassette Recorder）功能（如快进、暂停等）的模拟。

2. 网络系统

网络系统包括主干网络和本地网络两部分。网络系统负责视频信息流的实时传输，所以是影响连续媒体网络服务系统性能极为关键的部分。同时，媒体服务系统的网络部分投资巨大，因此在设计时不仅要考虑当前媒体应用对高带宽的需求，而且要考虑将来发展的需要和向后的兼容性。

当前，可用于建立这种服务系统的网络物理介质主要是 CATV（有线电视）的同轴电缆、光纤和双绞线。而采用的网络技术主要是快速以太网、FDDI 和 ATM 技术。

3. 客户端系统

只有使用相应的终端设备，用户才能与某种服务或服务提供者进行联系和互操作。在 VoD 系统中，终端设备通常采用电视机和机顶盒（Set-top Box）。在一些特殊系统中，可能还需要一台配有大容量硬盘的计算机以存储来自视频服务器的影视文件。

客户端系统中，除了涉及相应的硬件设备，还需要配备相关的软件。例如，为了满足用户的多媒体交互需求，必须对客户端系统的界面加以改造。此外，在进行连续媒体播放时，媒体流的缓冲管理、声频与视频数据解压缩、媒体的同步、网络中断与演播中断的协调等问题都需要软件来完成，这些软件功能都可以通过机顶盒实现。

8.2.5　视频监控系统

视频监控系统通过视频传输，实现对特定场地的异地监视和控制。实际上，目前的视频监控主要是监视，控制主要表现在对摄像机的聚焦、转动等控制上。

1. 发展阶段

视频监控系统的发展大致经历了三个阶段。

（1）在 20 世纪 90 年代初以前，第一代模拟监控系统。第一代模拟监控系统主要是以模拟设备为主的闭路电视监控系统。在模拟视频监控系统中，图像的传输、交换以及存储均基于模拟信号处理技术。传输介质主要基于同轴电缆和光纤两种，短距离时采用同轴电缆，长距离时采用光纤+视频光端机。图像交换由视频矩阵或视频分配器完成，图像存储采用磁带机，图像显示基于监视器。前端摄像机的 PTZ 控制通过操作键盘实现。

注意

◆　模拟视频监控在图像还原效果方面具有一定优势，但是，传输距离有限、工程布线复杂、信号易受干扰、应用不灵活、无法集中管理等缺陷限制其只适合于提供末端接入。

（2）20 世纪 90 年代中期，第二代数字化本地视频监控系统。随着计算机处理能力的提高和视频技术的发展，人们利用计算机的高速数据处理能力进行视频的采集和处理，利用显示器的高分辨率实现图像的多画面显示，从而大大提高了图像质量，这种基于计算机的多媒体主控台系统称为第二代数字化本地视频监控系统，如图 8-14 所示。

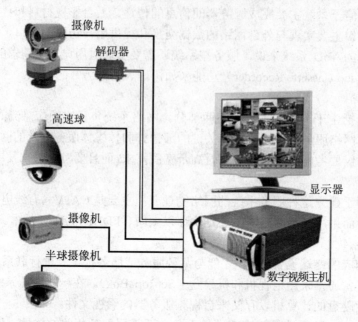

图 8-14　数字化本地视频监控系统

数字视频监控引入了先进的数字信号处理技术，在信号的传输、控制和存储方面都与模拟视频监控有着本质的区别。在数字视频监控系统中，利用 MPEG-4、H.264 等高效视频编码技术，监控图像能够以较低的带宽占用，实现在各类现有数字传输网上的远距离传输。前端摄像机的 PTZ 控制和图像显示都可以通过计算机来完成，图像的存储则基于计算机硬盘。

数字视频监控是安防领域的一次革新，在远距离传输、工程布线、操作维护以及应用灵活性等方面都远远超越了模拟视频监控。但是，数字视频监控本身是一个非常宽泛的概念，体现的主要是信号处理技术上的变革，不涉及体系结构。这导致目前的数字视频监控系统在组网方式上千差万别，且无法互通。

（3）20 世纪 90 年代末，第三代远程视频监控系统。随着网络带宽、计算机处理能力和存储容量的快速提高，以及各种实用视频处理技术的出现，视频监控步入了全数字化的网络时代，称为第三代远程视频监控系统，如图 8-15 所示。

第三代视频监控系统以网络为依托，以数字视频的压缩、传输、存储和播放为核心，以智能实用的图像分析为特色，引发了视频监控行业的技术革命，受到了学术界、产业界和使用部门的高度重视。

网络视频监控以数字信号处理为基础，采用网络化的方式实现信号的传输、交换、控制、录像存储以及点播回放，并通过设立强大的中心业务平台，实现对系统内所有编解码设备及录像存储设备的统一管理与集中控制。对用户而言，仅需登录中心业务平台，即可实现全网监控资源的统一调用和浏览。

网络视频监控体现的不仅仅是技术的革新，更重要的是架构的革新。通过参考并借鉴先进、成熟的通信网体系架构，网络视频监控至少对两个方面产生了促进作用：一是数字视频监控标准化的建立与完善，二是传统安防业与通信业的融合。这两个促进作用将带动整个安防产业向规范化、规模化方向发展，并给视频监控带来更为广阔的市场空间。

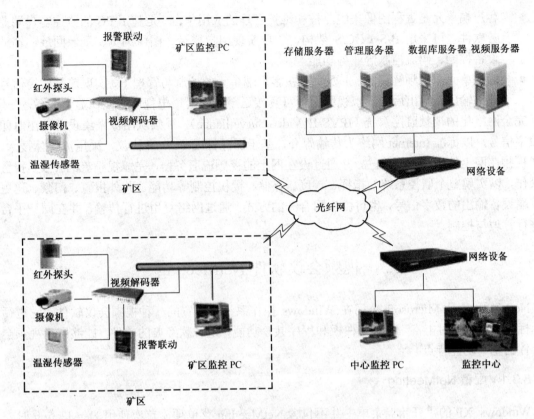

图 8-15　远程视频监控系统

与传统的模拟监控相比，数字监控具有许多优点。比如便于计算机处理，适合远距离传输，便于查找，提高了图像的质量与监控效率，系统易于管理和维护。正是由于数字视频监控具有传统模拟监控无法比拟的优点，而且符合当前信息社会中数字化、网络化和智能化的发展趋势，所以数字视频监控正在逐步取代模拟监控，广泛应用于各行各业。

2. 系统构成

网络视频监控系统总体上分为前端接入、媒体交换以及用户访问三个层次，具体由前端编码单元、中心业务平台、网络录像单元、客户端单元以及解码单元组成，各功能模块的主要功能如下：

- 中心业务平台位于媒体交换层，是整个网络视频监控系统的核心，逻辑上需要实现用户接入认证、系统设备管理、业务功能控制以及媒体分发转发等功能。在分级应用环境下，中心业务平台需要支持多级级联功能。中心业务平台在实现上可以基于"服务器＋平台软件"方式，也可以基于嵌入式硬件方式。
- 网络录像单元位于媒体交换层，用于实现网络媒体数据的数字化录像、存储、检索、回放以及管理功能。网络录像单元可以通过中心业务平台外接存储设备的方式来实现，也可以通过"服务器＋录像软件＋存储设备"的方式来实现。网络录像单元需支持分布式部署。
- 前端编码单元位于前端接入层，它通过数据通信网络接入中心业务平台，用于实现监控点视音频信息和报警信息的采集、编码、传输以及外围设备（如摄像机、云台、矩阵等）的控制。前端编码单元具体设备包括视频服务器、网络摄像机、DVR 等。

- 客户端单元是远程图像集中监控和维护管理的应用平台，是基于 PC 的监控客户端业务软件，可采用 B/S 或 C/S 架构，主要实现用户登录、图像浏览、录像回放、辅助设备控制、码流控制等业务功能。
- 解码单元即视频解码器，主要负责在客户端单元的控制与管理下，实现前端监控信号解码输出，输出后的模拟视频信号可直接送至监视器、电视机等图像显示设备。

完全网络化的视频监控系统（IPVS-IP Video Surveillance），视频从图像采集设备输出时即为数字信号，以标准 Internet 网络为传输媒介，基于国际标准 TCP/IP 协议，采用流媒体技术，实现视频在网上的多路复用传输，并通过设在网上的视频流服务器，完成视频流的转发、报警等操作，以实现整个监控系统的指挥、调度、存储、授权控制等功能。此外报警、门禁、巡更等前端设备输出的数字信号，也可由多网合一的方式，通过网络复用进行传输，并在同一平台上进行管理与控制。

8.3　视频会议软件 NetMeeting

NetMeeting 是 Microsoft 公司在 Windows 操作系统中内置的一种视频会议软件，它遵循国际标准，功能相对丰富，特别是白板和程序共享功能，是一款经典的软件，能够展示视频会议软件的基本功能特点。

8.3.1　配置 NetMeeting

Windows XP 的"开始"菜单中并不包含 NetMeeting 菜单项，首次使用 NetMeeting 时，需要对其进行配置。

【例 8-1】在 Windows XP 中进行 NetMeeting 配置。

（1）选择"开始"|"运行"命令，在打开的"运行"对话框中输入 conf，如图 8-16 所示。

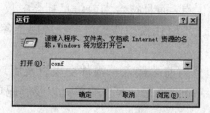

图 8-16　运行 NetMeeting

（2）单击"确定"按钮，打开 NetMeeting 设置对话框，如图 8-17 所示。

图 8-17　NetMeeting 设置对话框

（3）单击"下一步"按钮，在打开的对话框中，填写姓名、邮箱地址等相关信息，如图 8-18 所示。

（4）单击"下一步"按钮，打开目录服务器设置对话框，如图 8-19 所示。

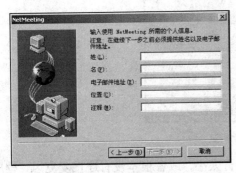
图 8-18　填写相关信息

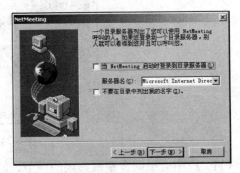
图 8-19　目录服务器

（5）如果知道对方的 IP 地址（或者域名）就可以不用目录服务器，这里暂时不需要修改，单击"下一步"按钮，打开如图 8-20 所示的对话框。

（6）设置"网络类型"为"局域网"，单击"下一步"按钮，打开如图 8-21 所示的对话框，然后选择是否创建快捷键。

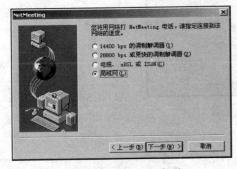
图 8-20　选择网络类型

图 8-21　创建快捷方式

（7）单击"下一步"按钮，出现"音频调节向导"对话框，如图 8-22 所示。

（8）单击"下一步"按钮，打开"测试"对话框，如图 8-23 所示。

图 8-22　音频调节向导

图 8-23　播放测试

（9）单击"测试"按钮，试听声音，并调节声音大小。若没有声音，检查音箱或者耳机是否正确连接并处于打开状态。

（10）单击"下一步"按钮，打开如图 8-24 所示的对话框，测试麦克风的录音情况。

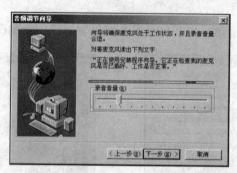

图 8-24   录音测试

（11）程序会根据音量做适当的调节，如果声音太小，或者根本没有连接麦克风，程序则会提示以后可以随时运行向导进行音频调节；如果麦克风连接正确，将打开如图 8-25 所示的对话框。

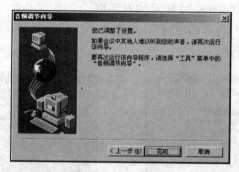

图 8-25   完成设置

◆　在 NetMeeting 中运行向导进行音频调节的方法是执行"工具"|"音频调节向导"命令。

（12）单击"完成"按钮，程序立即启动。启动的过程中，可能会碰到防火墙的阻拦（如图 8-26 所示），这时单击"解除阻止"按钮即可。NetMeeting 启动界面如图 8-27 所示。

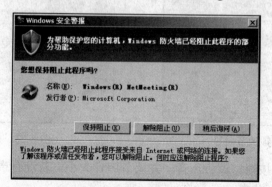

图 8-26   解除阻止

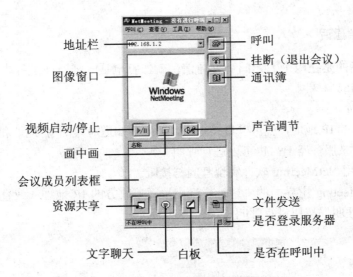

地址栏 ——— 呼叫

——— 挂断（退出会议）

图像窗口 ——— 通讯簿

视频启动/停止 ——— 声音调节

画中画 ———

会议成员列表框 ———

资源共享 ——— 文件发送

——— 是否登录服务器

文字聊天 白板 是否在呼叫中

图 8-27　NetMeeting 主界面

【例 8-2】个人信息配置。

（1）选择"工具"|"选项"命令，打开如图 8-28 所示的"选项"对话框。

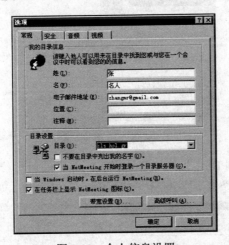

图 8-28　个人信息设置

（2）在"常规"选项卡中填写"姓"、"名"、"电子邮件地址"等信息。

（3）为了使用目录服务器，需要填写一个可用的目录服务器地址，如图 8-28 中的 ilr.hol.gr。

（4）单击"确定"按钮，完成个人信息配置。

注意

◆　目录服务器是为了提供在线的人员列表信息。

◆　目录服务器软件可以从微软公司的网站上下载，并自行安装配置。

◆　在 Internet 上可以找到很多可用的目录服务器，图中的 ilr.hol.gr 仅仅是一个例子。可以参考 http://bbs.enok.cn/thread-32553-1-2.html，列出了很多服务器地址。

◆　如果利用国外的目录服务器，目录中的部分人可能会展示一些不健康的图像，不要与这些无聊的人聊天。

8.3.2 端到端通话

端到端通话指的是在两个人之间进行通信，就像打电话一样。在进行本节实验时，需要至少 2 台计算机构成局域网。

1. 呼叫与接听

如果知道对方的 IP 地址，就可以直接呼叫。如果不知道对方的 IP 地址和域名，只要双方都登录到同一个目录服务器上，也可以进行呼叫。

【例 8-3】利用 NetMeeting 软件实现呼叫与接听。

（1）在 NetMeeting 主界面的"地址栏"中填写接收方的 IP 地址（或直接填写对方的域名），单击"进行呼叫"按钮进行呼叫，如图 8-29 所示。

图 8-29 呼叫

（2）如果不知道对方的 IP 地址和域名，但双方都登录到同一个目录服务器上，单击主界面中的"在目录中找到某人"按钮，打开"找到某人"对话框，如图 8-30 所示。

图 8-30 "找到某人"对话框

（3）在通信目录中找到要呼叫的人，选中该人（如张三，图中的 san zhang），单击右下角的"呼叫"按钮，发出呼叫。

（4）呼叫发出后，在对方的计算机上，就会打开"NetMeeting-拨入呼叫"对话框，如图

8-31 所示。

图 8-31　对方计算机中出现的对话框

（5）对方单击"忽略"按钮为挂断，单击"接受"按钮为接听，可立即开始多媒体通信。

2. 视频音频通话

呼叫设置成功后，就可以双向进行视频和音频的通话了。通话中不但可以听到对方的声音，还可以看到活动的图像。在如图 8-32 所示的视频显示窗口中，不但显示了远端的视频图像，同时叠加了本地的视频图像，这种叠加显示的效果称为画中画。

（a）本地 NetMeeting

（b）远端 NetMeeting

图 8-32　画中画效果

如果声音大小不合适，可以单击主界面中的"调节音频音量"按钮进行调节。此时，音频调节界面将临时覆盖主界面中的"与会人员列表"，如图 8-33 所示。单击其中的"查看参与者名单"按钮，返回到人员列表界面。

3. 文字聊天

如果需要文字表达，可以单击 NetMeeting 主界面中的"聊天"按钮，启动聊天窗口。将文字信息发送给"与会列表"中的所有人，也可以发送给特定的人（私聊），如图 8-34 所示。

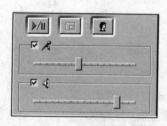

图 8-33　音频调节界面

图 8-34　文字聊天

NetMeeting 在接收到第一句聊天内容时，会自动弹出相应的聊天窗口。若聊天窗口中途被强制关闭，则不会再次自动弹出。

注意
◆　聊天内容可以通过选择聊天窗口中的"文件"|"保存"命令保存到磁盘文件中，文件格式可以是.html，.doc 或.txt。

4. 白板讨论

如图 8-35 所示的白板是一种可以多方同时观看和涂写的画板，白板允许会议中的每个人同时使用如图 8-36 所示的按钮图标进行图形绘制、键入文本等操作。

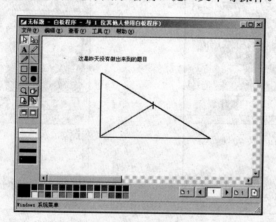

图 8-35　白板界面

注意
◆　参与者可以添加白板页、画图形、键入文本以及使用荧光笔或远程指示器强调某个项目。多方都可以在白板上写字和画图，画板的内容能够被其他人实时地看到，好像大家真的站在一块白板前面讨论问题一样。白板的这种功能给使用者带来了极大的便利。

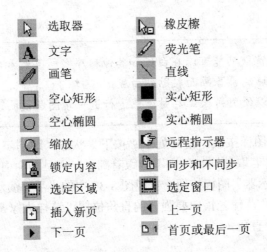

图 8-36 按钮图标

【例 8-4】使用按钮图标实现粘贴屏幕窗口、锁定屏幕、同步操作、远程指示等功能。

（1）单击"选定窗口"图标按钮，打开如图 8-37 所示的对话框。

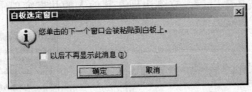

图 8-37 "白板选定窗口"对话框

（2）单击"确定"按钮，然后单击某个程序窗口（例如打开的浏览器窗口）。单击程序窗口后，窗口画面立刻被粘贴到白板中，同时也出现在其他与会者的白板中。

（3）单击"荧光笔"图标按钮，对需要特别注意的内容进行标注，如图 8-38 中的用户登录信息所示。

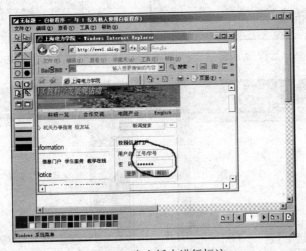

图 8-38 在白板中进行标注

（4）单击"锁定内容"图标按钮，可以暂时不允许其他人操作画面，他们只能看而不能画。再次单击，解除锁定。

注意

◆ 粘贴屏幕或窗口功能可以在白板和其他程序之间复制和粘贴，也可以将某个窗口和桌面区域的屏幕画面粘贴到白板。

◆ 粘贴后，可以使用白板工具对对象进行进一步图解说明。

（5）单击"同步"图标按钮，使其处于"按下"状态（即同步），则一个人翻页时，其他人的白板也跟着翻页。若取消同步，则不会跟着翻页，但是画面内容依然同步更新。

（6）单击"远程指示器"图标按钮，出现图 8-39 中的小手。演示者嘴里说着"就是这个直角!"，一边移动"小手"，使之指向要强调的直角位置。这样大家都看到了所指定的直角，也就明白了到底是哪一个直角。

5．共享程序

使用 NetMeeting 软件可以将计算机上的程序共享给其他人一起来使用，共享的程序也可以是自己的"桌面"。单击主界面中的"共享程序"按钮，打开如图 8-40 所示的对话框，图中列出目前正在运行的程序。选择其中的某个程序，如画图程序，单击"共享"按钮。这时，画图程序被大家共享使用。画图程序被共享以后，立刻出现在其他人的共享窗口中，如图 8-41 所示。

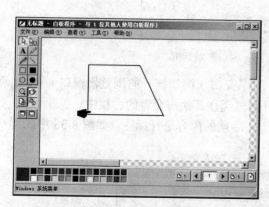

图 8-39　远程指示器

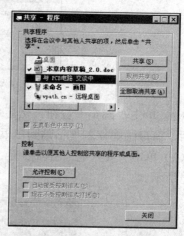

图 8-40　"共享程序"对话框

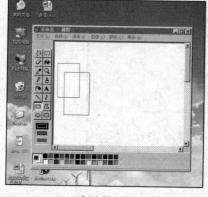

（a）本地的画图程序

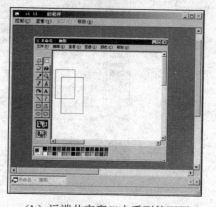

（b）远端共享窗口中看到的画面

图 8-41　实现共享

默认的设置只允许远端观看，不允许操作。如果想让对方具有控制权，单击图 8-40 中的"允许控制"按钮，打开控制许可。

这时，在远端共享窗口（如图 8-41（b）所示）中选择"控制"|"请求控制"命令，可以申请控制，如图 8-42 所示。对方发出请求以后，提供共享的 Netmeeting 端出现如图 8-43 所示的对话框。

图 8-42　"请求控制"命令

图 8-43　是否接受控制对话框

若单击"接受"按钮，对方即可以获得控制权，能够操纵源端的程序，结果也同步出现在源端。

◆ 若在图 8-40 中选择了"自动接受控制请求"，可以实现自动应答。

◆ 若选择"现在不受控制请求打扰"，当对方发出控制请求时会得到"某某　现在正忙"的提示。

6. 文件传送

"文件传送"功能用于向与会的其他人发送文件。单击 NetMeeting 主界面中的"传送文件"按钮，打开如图 8-44 所示的"文件传送"窗口，选择要传送的文件和发送人。接下来单击"发送"按钮，对方会自动弹出接收框，并自动完成文件的接收，如图 8-45 所示。

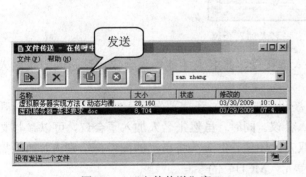

图 8-44　"文件传送"窗口

图 8-45　传送文件

8.3.3　多方会议

根据会议中是否包含 MCU，多方会议分为无 MCU 多方会议与基于 MCU 的多方会议等两大类，下面将分别进行介绍。

1. 无 MCU 多方会议

任何一个 NetMeeting 终端都可以随时请求加入已有的会议，从而扩展成多方会议。例如原来在会议中的两台计算机的 IP 地址分别是 192.168.1.2 和 192.168.1.4，而且 192.168.1.4 呼叫 192.168.1.2 建立了双方的视频通话。主叫方称为发起人，这样 192.168.1.4 为发起人。这时，另一台计算机 192.168.1.5（假定客户名称为张名人）想参与视频会议。为了方便，以下称 192.168.1.5 为张名人。张名人可以呼叫会议中的任何一个人加入多方会议，如呼叫 192.168.1.2。192.168.1.2 就会出现来自张名人的呼入提示（如图 8-46 所示），192.168.1.2 单击"接受"按钮即可。

图 8-46   192.168.1.2 接到来自张名人的呼入提示

192.168.1.2 选择"接受"以后，192.168.1.4（发起人）也出现来自张名人的呼入提示，同样单击"接受"按钮。这样，张名人就正式加入了会议，如图 8-47 所示。

图 8-47   张名人加入会议

从上述过程可以看到，需要与会的两人都接受，张名人才能加入会议。这是因为张名人所呼叫的 192.168.1.2 不是会议的发起人。

如果呼叫了一般与会人员，不但需要被叫方的认可，还需要发起人的认可；如果直接呼叫发起人，则只需要发起人的认可即可加入会议。同时，虽然张名人加入了会议，可以参与文字聊天等功能，但是他却看不到原来通信双方的图像，也无法将自己的图像传给别人，如果需要同时看到多方的图像，必须有多点控制单元（MCU）的参与。

2. 基于 MCU 的多方会议

MCU 作为会议的控制中心和视音频处理中心，能够接受各个终端的呼叫，并把多人的视频和音频进行一定方式的融合，然后再回馈到各个终端。MCU 可以是硬件设备，也可以是一个计算机程序。下面将以 CTS 软件 MCU 为例，看看实际效果。

假设 MCU 安装在 192.168.1.1 计算机上，并设置为 4 分屏模式。另外几台计算机上运行 NetMeeting，分别是张三、李四、王五、……，如图 8-48 所示为张三和李四启动后各自的画面。

（a）张三

（b）李四

图 8-48　启动画面

张三首先呼叫 MCU，即呼叫 192.168.1.1，呼叫成功后，NetMeeting 自动转换为 4 分屏模式，同时显示本人的画面。随后李四也同样呼叫 192.168.1.1 并加入会议，并自动转换为 4 分屏。这时，张三和李四可以同时到他们两个人的视频画面，如图 8-49 所示。

（a）张三

（b）李四

图 8-49　加入会议后的画面

同样，可以有更多人呼叫 192.168.1.1 并加入会议。

但是，由于 MCU 设置为 4 分屏，所以如果加入会议的人多于 4 个人，就需要有 MCU 另外来控制"谁出现在画面上，谁不出现"，这个过程称为"请求发言"，只有被允许发言的人才出现在画面上。另外，还可以根据语音激活来自动切换，也就是由 MCU 自动判断目前谁在说话，就自动将发言权切换到谁，当然画面也跟着切换。

注意

◆ 这里的 4 分屏只是一个例子，子画面的个数、请求发言能力、能否语音激活、支持多少种视频和音频压缩方法、最大允许的画面大小、视频的帧率等，都是评价一个 MCU 能力的参数。

8.4 音视频聊天软件开发

本节将介绍使用 VC++语言开发一个基本的视音频聊天软件的编写过程，读者可以使用光盘中所附的程序，体验聊天软件的开发过程。

8.4.1 编程工具 C++Builder 简介

Borland C++Bilder 5.0 是 Interprise（Borland）公司推出的基于 C++ 语言的快速应用程序开发（Rapid Application Development，RAD）工具，它是最先进的开发应用程序的组件思想和面向对象的高效语言 C++融合的产物。C++Builder 充分利用了已经发展成熟的 Delphi 的可视化组件库（Visual Component Library，VCL），吸收了 Borland C++ 5.0 这个优秀编译器的诸多优点。C++Builder 结合了先进的基于组件的程序设计技术，成熟的可视化组件库、优秀编译器和调试器。发展到 5.0 版本，C++Builder 已经成为一个非常成熟的可视化应用程序开发工具，功能强大而且效率高。C++Builder 的特色如下：

● C++Builder 是高性能的 C++开发工具。C++Builder 是基于 C++的，它具有高速的编译、连接和执行速度。同时，C++Builder 具有双编译器引擎，不仅可以编译 C/C++程序，还能编译 Object Pascal 语言程序。

● C++Builder 是优秀的可视化应用程序开发工具。C++Builder 是一款完善的可视化应用程序开发工具，使程序员从繁重的代码编写中解放出来，将注意力重点放在程序的设计上，而不是简单的重复劳动。同时，它提供了完全可视的程序界面开发工具，使程序员对开发工具的学习周期大大缩短。

● C++Builder 具有强大的数据库应用程序开发功能。C++Builder 提供了强大的数据库处理功能，依赖于 C++Builder 众多的数据库感知控件和底层的 BDE 数据库引擎，程序员不用写一行代码就能开发出功能强大的数据库应用程序。C++Builder 除了支持 Microsoft 的 ADO（Active Data Object）数据库连接技术，还提供了一种自己开发的成熟的数据库连接技术——BDE（Borland Database Engine）数据库引擎。

● C++Builder 具有强大的网络编程能力。C++Builder 具有众多的 Internet 应用程序开发控件，如 WebBroker，CppWebBroswer，WinSocks 等，它们基本涵盖了 Internet 应用的全部功能，利用它们，程序员可以方便地建立自己的 Internet 应用程序。

8.4.2 聊天软件功能与原理

本软件由服务器和终端两个部分组成，可用于局域网，也可以用于 Internet。借助于服务器，实现终端之间的多媒体通信。

1. 基本功能

系统中的服务器具备目录服务器的功能，同时也能够中转呼叫信令和多媒体数据（相当于 MCU 的功能），具体功能包括：

- 接受用户的登录，验证用户密码。
- 在线列表的维护。
- 客户端数据的转发。

客户端也是一个软件，它的功能包括：

- 登录服务器，获取用户在线终端列表。
- 向任一在线终端发送文字消息。
- 与任一在线终端进行视频音频通话。

2. 系统架构与数据定义

系统结构如图 8-50 所示。服务器提供一个 Listening 端口（2004 端口），每个终端都通过 TCP 连接到服务器，终端之间不直接进行数据传输，所有数据和命令都通过服务器中转。

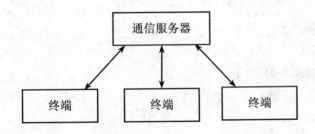

图 8-50　系统结构图

整个系统定义了并使用了如下 7 条命令。

CMD_LOGIN	//终端登录服务器
CMD_LOGOFF	//终端登录服务器
CMD_DAT_VIDEO	//传输视频数据
CMD_DAT_AUDIO	//传输音频数据
CMD_DAT_TEXT	//传输文字信息
CMD_CALL	//通话呼叫
CMD_HANGUP	//结束通话

每条命令都有三种临时类型：

_TYPE_FORWARD	//前向发送
CMD_TYPE_RESPONSE_OK	//回应，成功
CMD_TYPE_RESPONSE_FAIL	//回应，失败

定义并使用了如下数据结构：

```
typedef  struct {          //数据包头
   U8   flag1;             //固定为 0x5F
   U8   cmd_type;          //命令类型，CMD_TYPE_....
   U8   cmd;               //具体命令，CMD_....
   U8   flag2;             //固定为 0x5F
   U16  packet_len;        //数据包的总长度，包括包头
}  PACKET_HEADER ;
```

客户端基本信息描述 S_TERMINAL 信息，LOGIN 时上传此信息给服务器。

```
typedef  struct {
    U8   type ;               //设备类型，这里固定为 0x01
    U32  grp_id;              //组号，这里固定为 0x00
    U32  dev_id;              //设备。设备固有的内部编号，具备唯一性，这里固定为 0x01
    U32  lnk_id;              //服务器临时分配的通信 id
    U8   pwd[16];             //登录密码，服务器回应时清空
    U8   name[12];            //发送端名字
    U8   reserved[4];         //保留，需进一步讨论确定
} S_TERMINAL;
//系统描述信息，用于保存终端的配置信息
typedef  struct {
    S_TERMINAL  terminal;
    char        addr[50];
    int         port;
} S_SYSTEM;
```

3. 功能过程描述

● 登录过程如图 8-51 所示。

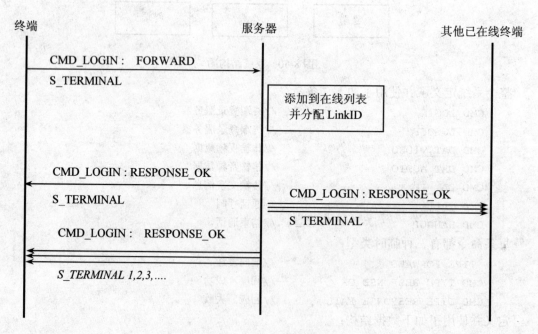

图 8-51 登录过程

运行程序后，用户单击"登录服务器"按钮，开始登录过程。终端从人机界面上获取登录所需的参数，组成 S_TERMINAL 类型的结构信息，并将其以 CMD_LOGIN 和 FORWARD 的形式发送到服务器。

服务器收到后，首先进行密码检验，密码错误的话立刻返回 REPONSE_FAILED，从而拒绝服务（图中没有画出）。如果正确，就将其加入在线终端列表，同时返回 RESPONSE_OK。

　　另外，还以 RESPONSE_OK 的形式将其发送给所有原先就在线的终端，同时也以 RESPONSE_OK 的形式将原来就在线的终端发给正在登录的这个终端，从而使大家都拥有完整的用户列表。

● 文字传输过程如图 8-52 所示。

文字传输通过 CMD_TEXT 以 FORWARD 的形式发送。

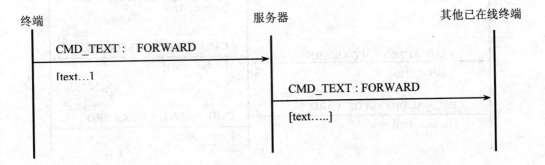

图 8-52　文字传输过程

● 呼叫过程如图 8-53 所示。

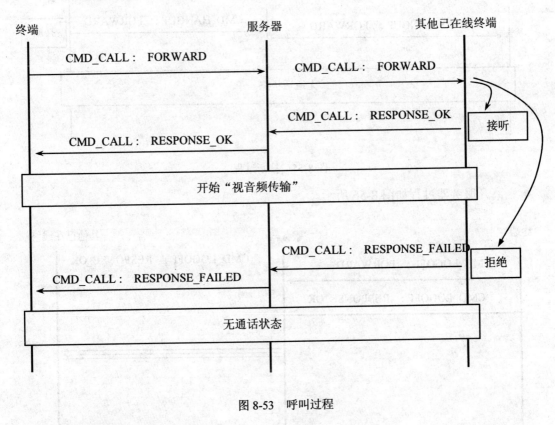

图 8-53　呼叫过程

● 视音频传输如图 8-54 所示。

● 挂断过程如图 8-55 所示。

挂断可以由主叫方挂断，也可以由被叫方挂断。挂断后，回到无通话状态。

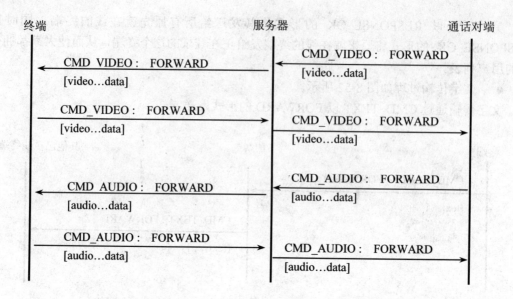

图 8-54　音视频传输过程

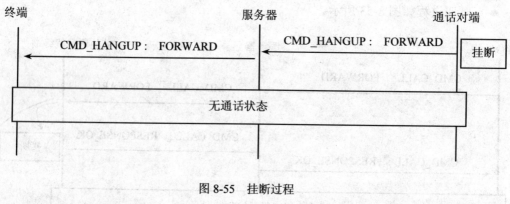

图 8-55　挂断过程

- 离开服务器过程如图 8-56 所示。

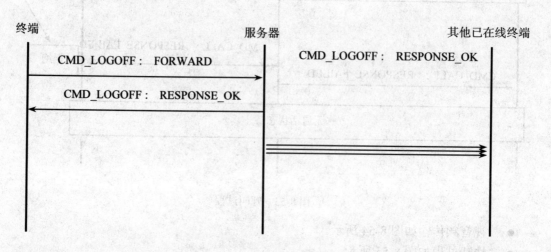

图 8-56　离开服务器过程

8.4.3 服务器使用方法

服务器是一个独立运行的计算机程序，它使用 2004 端口对外提供服务。它在每次启动的时候会读取配置文件的内容，并进行格式整理。使用前请检查配置文件是否正确。

1. 服务器配置

服务器配置文件 comserer.ini 的程序功能如图 8-57 所示。

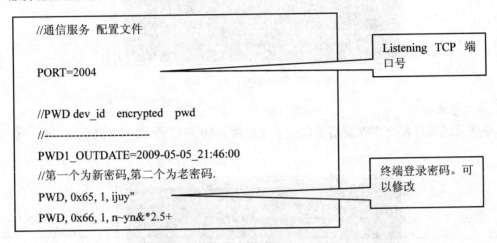

```
//通信服务 配置文件


PORT=2004                                    Listening TCP 端
                                             口号


//PWD dev_id  encrypted  pwd
//---------------------------
PWD1_OUTDATE=2009-05-05_21:46:00
//第一个为新密码,第二个为老密码.            终端登录密码。可
                                             以修改
PWD, 0x65, 1, ijuy"
PWD, 0x66, 1, n~yn&*2.5+
```

图 8-57 服务器配置文件

其中"//"为注释行，程序最后两行中每行的第 4 部分"ijuy""和"n~yn&*2.5+"为密码，第一个为新密码，后面一个为老密码。PWD1_OUTDATE=2009-05-05_21:46:00 说明老密码将在 2009 年 5 月 5 日 21 点 46 分 0 秒开始失效，这个日期可以自行修改。

这里看到的密码为密文形式，最后两行中的 1 都表示该密码为密文。如果需要修改的话，可以以明文形式修改，例如需要把第一个密码（新密码）改为 hello，代码修改如下：

```
PWD, 0x65, 0, hello              这一行设置明文密码 hello
PWD, 0x66, 1, n~yn&*2.5+         这一行不变
```

注意

- ◆ hello 前面的 0 表示该密码为明文。
- ◆ 修改后保存，然后重新启动服务器。服务器启动的时候，会自动检查该配置文件，并自动将密码变为密文形式。

2. 启动服务器

直接双击 comserver.exe 启动服务器，如图 8-58 所示。

注意

- ◆ 程序启动后，创建工作者线程来接受和处理终端的连接，线程的数目为 CPU 数目的 2 倍。本例中计算机只有一个 CPU 内核，所以创建了两个线程，侦听端口为 2004。

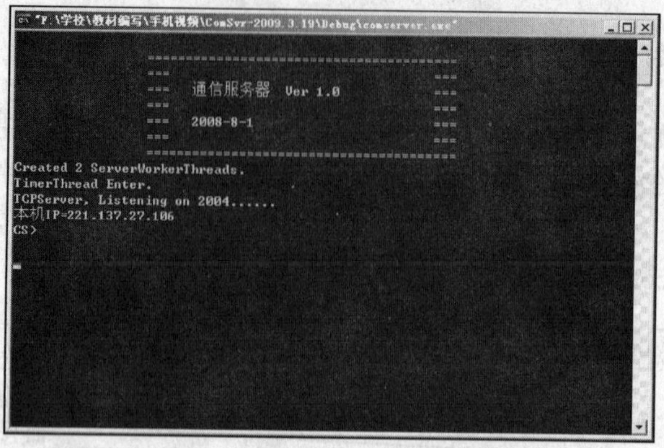

图 8-58　服务器程序启动界面

3. 终端登录信息

终端登录或离开都会在界面上予以提示（如图 8-59 所示），张三登录上来，过一会又离开了。

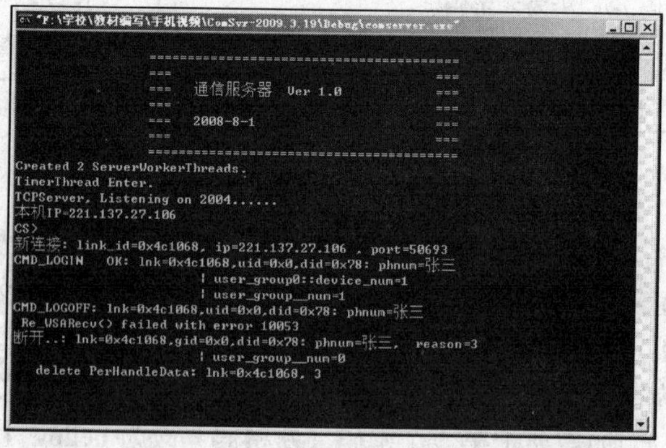

图 8-59　终端登录或离开信息服务器程序启动界面

4. 关闭服务器

当不再使用服务器时，可以在界面上输入 exit 或者 quit 并回车，来关闭服务器程序，如图 8-60 所示，而不要直接单击⊠来强制关闭。

图 8-60　关闭服务器程序

8.4.4　关键程序代码讲解

1. C++Builder 控件介绍

C++Builder 提供了大量的控件，几乎涵盖了所有的设计需求。这些控件被分成组，方便使用，包括 Standard、Additional、Win32、System、Data Control、Dialogs、Internet 等，如图 8-61 所示。

图 8-61　C++Builder 的控件

如果 C++Builder 自身提供控件不够用的话，可以从第三方得到大量的附加控件，Internet 上也有一些免费的第三方控件。

软件主要用到以下几种控件：

（1）嵌板 Panel，在 Standard 组。主要用于在其上面放置其他控件，使之成为一组，便于组织管理。

（2）标签 Label，在 Standard 组。用来显示静态的文字，文字的内容及其他属性也可以通过程序动态变更。

（3）文本编辑框 Edit，在 Standard 组。用来输入文字，主要是输入单行文字。

（4）按钮 Button，在 Standard 组。作为按钮，也可以拉大做其他用途，比如本程序中的本地图像显示窗口和远端图像显示窗，都是按钮控件。

（5）列表框 ListBox，本程序中用来显示再现用户列表。

（6）多行文字编辑框 Memo，在 Standard 组。用于输入和显示多行文本信息。本程序中用来在文字聊天时编写待发送的文字和显示接收到的文字。

（7）检查框 CheckBox，在 Standard 组。具有"选中"和"不选中"两种状态。本程序中用来决定视频和音频是否显示和是否发送。

（8）图形 Shape，在 Additional 组中。本程序中用到一个圆形，用来在视频呼叫的过程中显示呼叫状态，灰色为无呼叫、黄色为正在呼叫、绿色为已经接通。

（9）多页控制 PageControl，在 Win32 组中，用来实现不同功能界面的分组管理。

（10）主菜单 MainMenu，在 Standard 组，是程序的主菜单。

（11）定时器 Timer，在 Syetem 组，实现定时的周期性操作。本程序中用来在呼叫发出后（接收端受到呼叫命令后）定时反复播放铃声，直到用户接听或者挂断。

（12）文件保存 SaveDialog、文件打开 OpenDialog，都在 Dialogs 组，用来在文件保存和打开时提供图形界面以便让用户选择文件。

（13）客户端 Socket 控件　ClientSocket，在 Internet 组，提供 socket 连接和网络数据收发。

（14）分割控件 Splitter，放置在两个 Panel 之间，用来动态调整 Panel 的相对大小，实现自窗口的边界的动态移动。

2. 登录服务器程序代码

这部分用到两个按钮（Button）、4 个文字框（Edit）、几个文字标签（Label），以及 Socket

控件，如图 8-62 所示。这些控件都可以在 C++Builder 的 Standard 控件组中找到，同时菜单中也实现了对应的功能。

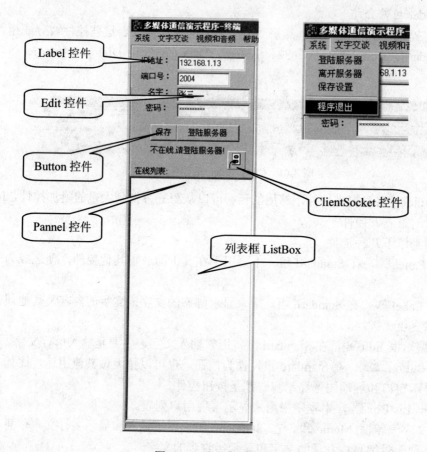

图 8-62　登录服务器的界面设计

其中，密码输入框也是普通的 Edit 框，只不过其 PasswordChar 属性填写了星号"*"，如图 8-63 所示。

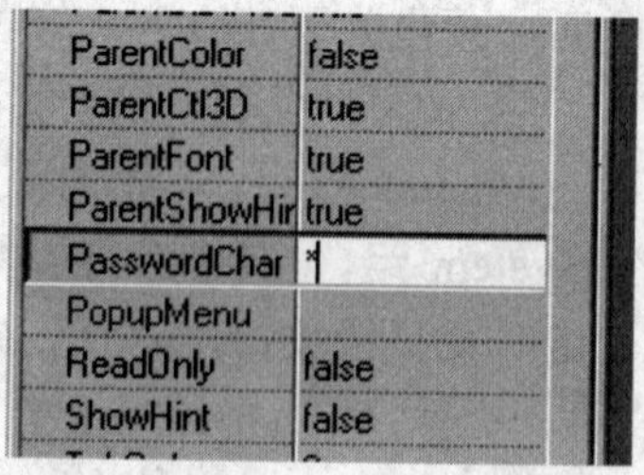

图 8-63　密码输入框的属性设置

下面是单击"登录服务器"菜单时执行的代码。

```
void __fastcall TForm1::menuLoginClick(TObject *Sender)
{
    ClientSocket1->Host = ed_IP->Text.c_str(); //获取填写的服务器 IP 地址
                                                //或者域名
    ClientSocket1->Port = atoi(ed_PORT->Text.c_str());//获取填写的端口号
```

```
        ClientSocket1->Tag = 1;  //用于记录是否发起 TCP 连接, 1: 已发起。
        btLogin->Caption = "离开服务器";    //界面信息显示
        lbMainTip->Caption="正在连接...";  //界面信息显示
        ClientSocket1->Open();              //打开 socket, 发起 TCP 连接
    }
```

该函数首先从参数输入界面上获取 IP 地址和端口号, 并分别赋值到 ClientSocket1, 修改按钮和提示框的的文字后, 打开 (激活) ClientSocket1。

ClientSocket1 打开后, 会自动按照 IP 和端口号向服务器发起 TCP 连接, 并在连接成功后自动执行其 OnConnect 成员函数, 下面是重载的 ClientSocket1 的 OnConnect 函数。

```
    void __fastcall TForm1::ClientSocket1Connect(TObject *Sender,
        TCustomWinSocket *Socket)
    {
        S_TERMINAL *g_Terminal = new S_TERMINAL; // 新建一个终端信息结构
        g_Terminal->type = 0x01;  // 填写结构内容
        g_Terminal->grp_id = 0;
        g_Terminal->dev_id = 0x78;
        g_Terminal->lnk_id = 0;
        strcpy(g_Terminal->pwd, ed_pwd->Text.c_str());
        strcpy(g_Terminal->name, ed_Name->Text.c_str());
        send_cmd(CMD_TYPE_FORWARD,CMD_LOGIN, (char*)g_Terminal,
            sizeof(S_TERMINAL), 0 );  // 发送登录命令
        delete g_Terminal;  //使用后删除
    }
```

该函数生成一个 S_TERMINAL 结构, 填写其内容, 然后按照 CMD_LOGIN 命令和 CMD_TYPE_FORWARD 模式发送到服务器, 这就是登录请求。S_TERMINAL 结构使用后删除。

函数结束后, 就等待服务器的回应。

服务器的回应将在 ClientSocket1 的 OnRead 成员函数中得到。接收一个完整的数据包后, 交给 ProcessPacket()函数处理。下面是该 ProcessPacket()函数中的 Login 处理部分。

```
        ......
    else if(pH->cmd==CMD_LOGIN)   //如果是登录命令的返回信息
    {
        if( pH->cmd_type==CMD_TYPE_RESPONSE_OK ) //登录信息正确
        {
            S_TERMINAL *pTerm = new S_TERMINAL; //新建一个终端信息结构
            memcpy(pTerm, pdat,sizeof(S_TERMINAL)); //用于保存返回的信息
            lbOnLineClients->AddItem((char*)pTerm->name,(TObject*)pTerm );
            //添加到列表中
            lbMainTip->Caption="登录服务器成功! "; //界面显示信息
            if( Form1->Width < Panel1->Width+30+10 ) //展开界面(露出视频部分)
                Form1->Width = Panel1->Width+413+10 ;
        }
        else
            lbMainTip->Caption="被拒绝, 可能是密码错! "; //登录信息不正确
    }
        ......
```

可以看到, 如果接收到的数据包的命令字 cmd 等于 CMD_LOGIN 而且命令类型 cmd_type

等于 CMD_TYPE_RESPONSE_OK 的话，就说明得到了服务器的认可。这时生成一个 S_TERMINAL 结构来放置服务器回复命令中返回的用户信息，并将该用户添加到用户列表的 lbOnLineClients 中。同时程序界面主窗口的宽度增大，用来打开界面的右半部分，完成登录过程。

3. 文字聊天

文字聊天部分用到了两个 Memo 框，一个发送按钮，一个聊友姓名提示框（Label1），以及文件存取的对话框（单击响应菜单后会弹出），如图 8-64 所示。同时，主菜单中也有对应的功能。

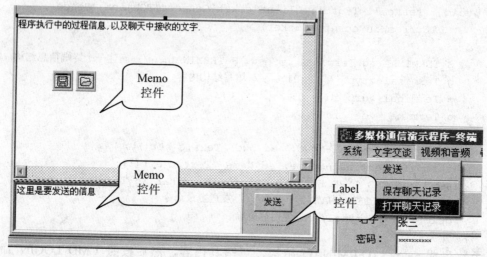

图 8-64　文字聊天界面布局

（1）文字发送。

程序运行时，首先在下方的文字发送框 mmSendBox 中输入文字，然后单击"发送"按钮，完成发送。下面是发送按钮执行的程序。

```
void __fastcall TForm1::btSendTextClick(TObject *Sender)
{
    int    linkid;
    char  b[1000];
    linkid =GetCurSelLink();
    if( linkid <0){
        mmReceiveBox->Lines->Add("没有发送对象!");
        return ;
    }
    send_cmd(CMD_TYPE_FORWARD,CMD_TEXT,
        mmSendBox->Text.c_str(),
        strlen(mmSendBox->Text.c_str())+1,
        linkid );
    sprintf(b,"本人:%s", mmSendBox->Text.c_str());
    mmReceiveBox->Lines->Add(b);
    mmSendBox->Lines->Clear();
}
```

通过 GetCurSelLink()函数在列表框中确定发送对象的 ID 号 linkid，如果有选中的人，则

通过 send_cmd 函数将 mmSendBox 中的文字发送出去。 命令字为 CMD_TEXT，命令类型为
CMD_TYPE_FORWARD，发送对象为选中的那个人的 linkid。 Send_cmd 将调用 ClientSocket1
实现真正的发送。

　　然后在接收框 mmReceiveBox 中显示本人刚才发送的内容，同时清空文字输入框
mmSendBox，以便输入新的内容。

　　（2）文字接收和显示。

　　文字的接收处理依然是在 ProcessPacket()函数中进行，下面是 ProcessPacket()函数中文字
接收的处理部分。

```
......
else if( pH->cmd==CMD_TEXT)
{
    AnsiString s1,s2;
    int        index;
    S_TERMINAL *  pTerminal = GetTerminalByLinkID(linkid, index );
    if(pTerminal)
        s1 =(char*)pTerminal->name;
    else
        s1 = "陌生人"
        s2=(char*)pdat;
    mmReceiveBox->Lines->Add(s1+":"+s2);
}
......
```

　　如果收到的命令字为 CMD_TEXT，则说明是对方发送过来的文字消息。首先通过
GetTerminalByLinkID 函数查找发送方的个人信息，得到该人的一个 S_TERMINAL 结构信息，
其中包括他的名字。如果查找不到这个人，则为意外，显示为"陌生人"。

　　然后，通过 mmReceiveBox->Lines->Add()函数将其名字和文字内容一起显示在文字接受
框 mmReceiveBox 中。

　　（3）聊天记录保存和提取。

　　单击菜单项"文字交谈"|"保存聊天记录"，则弹出"另存为"对话框。可以讲聊天记录
保存到指定的文件中，文件扩展名为 .cha，代码为：

```
void __fastcall TForm1::menuSaveChatClick(TObject *Sender)
{
  FILE *fp=NULL;    //文件指针
  if( SaveDialog1->Execute()) //如果选取文件名字成功
  {
    fp=fopen( SaveDialog1->FileName.c_str(),"wb"); //打开文件
    if(!fp){                          //打开失败的话，
      MessageBox(this->Handle,"文件打开失败!","提示",0); // 提示失败
      return ;                        //然后直接返回
    }
    else {  //打开成功的话
      //将聊天记录写入文件
      fwrite(mmReceiveBox->Text.c_str(),
      strlen(mmReceiveBox->Text.c_str()), 1,fp);
```

```
            fclose(fp);//关闭文件
            MessageBox(this->Handle,"保存成功！","提示",0); // 提示信息
        }
    }
}
```

提取聊天记录的操作与保存类似，代码如下：

```
void __fastcall TForm1::menuLoadChatClick(TObject *Sender)
{
  FILE *fp=NULL;  //文件指针变量
  char buf[10000];   //缓冲区
  if( OpenDialog1->Execute())  //如果文件名字选取成功
  {
      fp=fopen( OpenDialog1->FileName.c_str(),"rb");  //打开文件
      if(!fp){   //如果打开失败
        MessageBox(this->Handle,"文件打开失败！","提示",0);//提示打开失败
        return ;                              //然后直接返回
      }
      else {    // 否则,打开成功则
        memset(buf,0, 10000);  //清空缓冲区
        fread(buf, 10000, 1,fp);       //聊天内容从文件读到缓冲区中
        mmReceiveBox->Text = buf ;    //缓冲区中的内容放到显示框中
        fclose(fp);  //关闭文件
        MessageBox(this->Handle,"读取成功!","提示",0); // 提示信息
      }
  }
}
```

4. 可视对讲

可视对讲与文字聊天的区别在于以下三点：

- 可视对讲是一对一的，因此需要预先请求，也就是呼叫过程。
- 传输的内容是视频和音频，因此发送时需要视频的压缩，显示前需要解压缩。
- 除了键盘和鼠标之外，还涉及到其他外部设备，即摄像头和麦克风，完成声音和视频的采集，以及播放显示。

图 8-65 是可视对讲部分的界面设计，菜单中也有对应部分的功能。

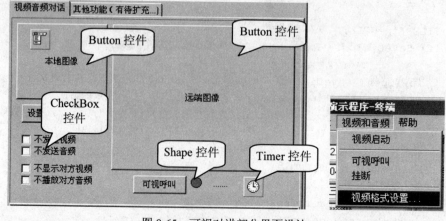

图 8-65　可视对讲部分界面设计

（1）视频音频的采集。

视频采集采用 CCapture 类来完成。在程序的主窗口 TForm1 创建时（构造函数中）就开始了视频和音频的采集。下面是具体的程序代码。

```
    __fastcall TForm1::TForm1(TComponent* Owner)
        : TForm(Owner)
{
    //
    // ...前面无关部分略过....
    //
    if(g_Capture==NULL) //如果未曾打开视频，则
        g_Capture = new CCapture( btLocalView->Handle,15); //创建视频对象
    if( g_Capture->m_Stat < 6){   // 如果不成功
        S_VIDEO_CONFIG vc;
        m_BIH = vc.bih;       //采用默认参数
        delete g_Capture;  g_Capture = NULL;
    }
    else {   //成功,则
        m_BIH = g_Capture->m_BIH;  // 采用现时参数
    }
    pic_width  =  m_BIH.biWidth;
    pic_height =  m_BIH.biHeight;
    //
    if( g_Speaker==NULL) //如果未曾打开扬声器
        g_Speaker = new CAudioOut();  //创建扬声器对象
    btVideoStartClick(NULL); // 开始采集(包括音频和视频)....
        //后边无关内容略.........
}
```

其中，g_Capture 就是一个 Ccapture 指针，全局变量，用来控制音频和视频的采集。g_Speaker 是 CAudioOut 的指针，用来播放声音。

程序通过 g_Capture = new CCapture（ btLocalView->Handle,5）来创建一个采集类实例，其中 15 为视频帧率，即每秒 15 帧。如果 g_Capture->m_Stat < 6 ，则说明没有完全创建成功。成功时记下摄像头图像的宽 pic_width 和高 pic_height。

通过 g_Speaker = new CAudioOut()来创建一个音频播放的类实例。

最后通过 btVideoStartClick（NULL）来开始视频的采集。

视频采集开始后，采集到的每一帧图像都会送到 CompressVideo()函数中压缩和处理。

```
    void TForm1::CompressVideo( LPVIDEOHDR lpVHdr)
    {
        int res,    dat_len;
        char b[100], *pdat, seg;
        //-
        if(!g_sendvideo)
         return;
        if( g_curlinkid <=0)
          return ;
            //这里压缩处理
```

```
        //略 …….
        //这里发送处理
        //略(后面讲解)
    }
```

可以看到，如果 g_sendvideo 不等于 true，则直接返回，g_sendvideo 代表需要发送视频。实际上 g_sendvideo 的值来源于界面上的 ☐ 不发送视频 。如果选择了该项，g_sendvideo 为 false，否则 g_sendvideo 为 true。

同时也可以看到，如果 g_curlinkid 不大于 0 的话，也直接返回。g_curlinkid 代表呼叫对象的 ID 号，g_curlinkid<=0 说明没有呼叫对象，不用发送。g_curlinkid 的值由呼叫过程控制，呼叫成功以后 g_curlinkid 即会被赋予大于 0 的 ID 值，从而允许该函数后面的处理。

（2）可视呼叫与主动挂断。

呼叫的方法是在列表中选择一个人，取其 ID 号，并向该 ID 发送 CMD_CALL 命令。

呼叫执行通过 可视呼叫 按钮来发出。该按钮有两个作用，当没有通话在进行时表示发出呼叫；当有呼叫在进行时，表示挂断通话。下面是具体的程序。

```
void __fastcall TForm1::btCallClick(TObject *Sender)
{
    int linkid =GetCurSelLink();
    if( g_curlinkid == 0 )
    {
        if(linkid>0){
            send_cmd(CMD_TYPE_FORWARD,CMD_CALL, 0,0, linkid );
            Timer1->Enabled = true; g_callingout =true;  //主叫
        }
    }
    else{
        Timer1->Enabled = false;
        Shape1->Brush->Color = clGray;
        btCall->Caption = "可视呼叫";
        mmReceiveBox->Lines->Add("主动挂断.");
        send_cmd(CMD_TYPE_FORWARD,CMD_HANGUP, 0,0, g_curlinkid );
        g_curlinkid = 0;
    }
}
```

其中，g_curlinkid==0 代表没有正在进行的视频通话，则直接对在列表中取到的 linkid 发出 CMD_CALL 命令。同时开始 Timer1->Enabled=true，即开启定时器，开始播放呼出的嘟嘟声。

如果有正在进行的呼叫，则表示挂断呼叫，于是发出 CMD_HANGUP 命令，同时修改按钮、标签的文字，并使 g_curlinkid = 0。

（3）接听和拒绝。

接听或是拒绝，都是对主叫方呼叫的处理过程，属于命令的接收处理，因此依然在 ProcessPacket()中进行。

```
else if(pH->cmd==CMD_CALL )
    {
        int index = 0;
        S_TERMINAL * pTerminal = GetTerminalByLinkID(linkid, index );
```

```
          if(! pTerminal )
            return ;
          if( pH->cmd_type==CMD_TYPE_FORWARD ){
             Timer1->Enabled = true;  g_callingout=false; //被叫
          if(MessageBox(Handle,"是否接受呼叫?",
             pTerminal->name, MB_YESNO )== IDYES)
          {
             send_cmd(CMD_TYPE_RESPONSE_OK,CMD_CALL,
             0,0, linkid );
             Shape1->Brush->Color  = clGreen;
             btCall->Caption     = "挂断";
             lbCallIndicator->Caption = (char*)pTerminal->name ;
             g_intra = true; // to  Intra.
             g_curlinkid = linkid;  // 被叫连接 OK
          }
          else {
              send_cmd(CMD_TYPE_RESPONSE_FAIL,CMD_CALL, 0,0, linkid );
              Shape1->Brush->Color  = clGray;
             }
           Timer1->Enabled = false;
          }
          else   if( pH->cmd_type==CMD_TYPE_RESPONSE_OK ) {
          // start video
             Timer1->Enabled = false;
             Shape1->Brush->Color =  clGreen;
             btCall->Caption = "挂断";
             lbCallIndicator->Caption    = (char*)pTerminal->name ;
             g_intra = true; // to  Intra.
             g_curlinkid = linkid;       // 主叫连接 OK
          }
          else   if( pH->cmd_type==CMD_TYPE_RESPONSE_FAIL )         {
                 Timer1->Enabled = false;
                 Shape1->Brush->Color =  clGray;
          }
      }
```

这里对 CMD_CALL 命令的处理分三种情况：

● **CMD_TYPE_FORWARD**　　　　　发送来的呼叫，等待接听意见
● **CMD_TYPE_RESPONSE_OK**　　回应 ok，说明已经被对方接听
● **CMD_TYPE_RESPONSE_FAIL**　回应 fail，说明已经被对方拒绝

如果是 CMD_TYPE_FORWARD，这种情况出现被叫方，需要主人确定是否接听，因此通过 MessageBox()来弹出征询意见的对话框，询问"是否接受呼叫?"，若用户单击了"接听"，则向对方回应 CMD_TYPE_RESPONSE_OK，否则回应 CMD_TYPE_RESPONSE_FAIL。

这些回应会被传送到主叫方，如果收到 CMD_TYPE_RESPONSE_OK 则作开始通话的处理，如果收到 CMD_TYPE_RESPONSE_FAIL 则作挂断的处理。

由于同一个程序既可能作为主叫方，又可能作为被叫方，所以这这些处理过程在 ProcessPacket()中同时存在。

（4）视频音频发送。

视频发送过程在 CompressVideo()中进行，音频发送在 CompressAudio()中进行。下面是程序源代码。

```
void TForm1::CompressVideo( LPVIDEOHDR lpVHdr)
{
    int  res,    dat_len;
    char b[100], *pdat,seg;
    if(!g_sendvideo)
    eturn;
    if( g_curlinkid <=0)
    return ;
    //准备压缩参数
    memcpy(sourcebuf,lpVHdr->lpData, m_BIH.biSizeImage);
    memset(&encframe,0,sizeof(MP4V_ENC_FRAME));
    encframe.image      = sourcebuf;
    encframe.colorspace = COLOR_SPACE;      //[in] source colorspace
    encframe.bitstream  = encodedbuf;       //[in] bitstream pointer
    if(g_intra){
        encframe.intra = 1;  g_intra = 0;
    }
    else
        encframe.intra = ((g_video_seq%encpara.max_key_interval)==0)?1:0;
encframe.length = 0;                //[out] bitstream length(bytes)
    //开始压缩
    res = RMP4_encoder( encpara.handle,MP4V_ENC_ENCODE, &encframe);
if(res==MP4V_OK) {
    //压缩成功,则进行发送
        dat_len = encframe.length ;
        pdat =(char*)encframe.bitstream ;
        seg = 1;
        while(dat_len>g_MAX_PACKET_DAT_LEN){
        if(send_cmd(CMD_TYPE_FORWARD,CMD_VIDEO,
            pdat,g_MAX_PACKET_DAT_LEN, g_curlinkid ,seg ))
        {
            dat_len-=g_MAX_PACKET_DAT_LEN;
          pdat+=g_MAX_PACKET_DAT_LEN;
            seg++;
        }
        }
        seg = 0;
        send_cmd(CMD_TYPE_FORWARD,CMD_VIDEO, pdat,dat_len,
            g_curlinkid,seg);
        g_video_seq++;
    }
    else //压缩失败,显示失败信息
    mmReceiveBox->Lines->Add("encoder a frame : fail!");
}
```

其中，lpVHdr ->lpData 中包含视频数据，m_BIH.biSizeImage 代表视频的数据长度。如果允许发送视频，并且已经呼叫成功（即 g_curlinkid > 0）的话，则准备通过 send_cmd 发送视频。

发送前首先调用 RMP4_encoder(encpara.handle,MP4V_ENC_ENCODE, &encframe)进行压缩，这是 MPEG4 标准的压缩算法。encframe 中包含待压缩数据的位置指针 encframe.image，结果数据的存放位置指针 encframe.bitstream，以及结果数据的长度 encframe.length。

如果压缩成功，即 res==MP4V_OK，则进行发送。

由于 C++Builder 控件功能的局限性，使得 ClientSocket1 不能发送过长的数据，为了安全，我们将一个图像的数据发成若干段（segment，简称 seg）来发送，每段长度不超过 g_MAX_PACKET_DAT_LEN，这里定义 g_MAX_PACKET_DAT_LEN 为 512 字节。

第一段数据，seg 号等于 1，第二段 seg 等于 2，以此类推，最后一段 seg 等于 0。这样，当接收方检测到 seg 等于 0 时，即可断定一个完整的视频图像帧已经接收完毕，可以解压显示了。

对于其它数据，也包含 seg 字段。只是通常数据量小，一个 seg 就可以完成，所以 seg 直接等于 0。

```
void TForm1::CompressAudio(LPWAVEHDR lpWHdr)
{
  int linkid =GetCurSelLink();
  if(!g_sendaudio)
    return ;
  if(g_curlinkid <=0)
    return ;
  send_cmd(CMD_TYPE_FORWARD,CMD_AUDIO, lpWHdr->lpData,
      lpWHdr->dwBytesRecorded, linkid);
}
```

其中，lpWHdr->lpData 中包含音频数据，lpWHdr->dwBytesRecorded 代表音频的数据长度。

如果允许发送音频，并且已经呼叫成功（即 g_curlinkid > 0）的话，则通过 send_cmd 发送音频。本软件中，音频数据每帧大小固定为 1280 字节，不算很大，所以不再进行分段发送。这个过程中没有压缩。所以在本软件中，音频是在没有压缩的情况下传送的。

（5）视频音频接收。

视频音频的接收也在 ProcessPacket()中进行。下面是视频的接收处理。

```
if( pH->cmd==CMD_VIDEO) //video
{
    memcpy(encodedbuf_r+encodedbuf_r_pos,pdat, dat_len);
    encodedbuf_r_pos+= dat_len ;
    if( seg==0 ){
        memset(&decframe,0,sizeof(MP4V_DEC_FRAME));
        decframe.bitstream     = encodedbuf_r;
        decframe.colorspace    = COLOR_SPACE;
        decframe.image         = reconstructedbuf;
        decframe.length        = encodedbuf_r_pos;
        decframe.stride        = m_BIH.biWidth;
        res = RMP4_decoder( decpara.handle,MP4V_DEC_DECODE,
                &decframe);
        if(res==MP4V_OK) {
```

```
                  if(g_displayvideo)
                      DrawPicture(reconstructedbuf,&m_BIH);
              }
              else
                  mmReceiveBox->Lines->Add(" decode a frame : fail ");
              encodedbuf_r_pos = 0;
          }
      }
```

接收到的每段（seg）数据都首先拷贝到一个缓冲区 encodedbuf_r 中保存，encodedbuf_r_pos 记录当前 seg 应该拷贝的位置。

当接收到 seg==0 后，开始解压缩。解压缩是调用 RMP4_decoder()函数实现的，这是标准的 MPEG4 解压缩算法。decframe 存放了待解压的图像 decframe.bitstream，待解压数据的长度 decframe.length，以及解压缩后输出图像的存放位置 decframe.image。

如果解压缩成功，即 res==MP4V_OK，并且允许播放视频（g_displayvideo==true），则调用 DrawPicture()函数来显示当前图像。否则，解压缩失败的话，显示失败信息。

最后，使 encodedbuf_r_pos 复归为 0。

下面是 DrawPicture()的具体程序代码。

```
      void TForm1::DrawPicture(char *pImage,  BITMAPINFOHEADER *pBIH)
      {
          HDRAWDIB hD=DrawDibOpen();
          HDC hdc=::GetDC(btRemoteView->Handle);
          DrawDibDraw(hD,hdc,0,0,
          btRemoteView->Width,btRemoteView->Height,
              pBIH,pImage, 0,0, pBIH->biWidth,pBIH->biHeight,
          0);
          ::ReleaseDC(btRemoteView->Handle,hdc);
          DrawDibClose(hD);
      }
```

在 DrawPicture()中，主要是调用 DrawDibDraw()来显示图像。在图像显示前，调用 DrawDibOpen()来为显示作准备，显示之后，调用 DrawDibClose()做善后处理。

下面是音频的接收处理。

```
      else if( pH->cmd==CMD_AUDIO)
      {
          if( !g_Speaker )
              return ;
          if(dat_len!=1280)
              mmReceiveBox->Lines->Add(" dat_len!=1280 ");
          if(g_playaudio)
              g_Speaker->Play((char*)pdat,dat_len);
      }
```

音频的处理比较简单，如果声音播放类的实例存在的话，并且允许播放音频的话（g_playaudio==true），则直接调用 Play()函数进行播放。

由于音频发送时的每帧数据大小为 1280 字节，这里也作了检查，如果收到的数据不等于

1280 字节的话，则为错误。

8.4.5 客户端软件的编译运行

素材中的服务器软件为可执行程序，直接双击 comserver.exe 启动。客户端软件为 C++Builder 源程序代码，需要编译连接生成 exe 文件后方可运行。

终端软件位于根目录下的 Terminal 目录中，内容如图 8-66 所示。

```
\-Terminal-|
```

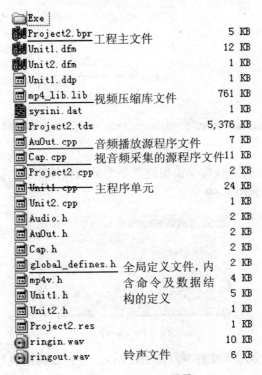

图 8-66 Terminal 目录

其中，Exe 目录中存放的是预先编译生成的可执行文件，可以直接运行，如图 8-67 所示。

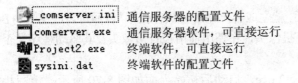

图 8-67 Exe 目录

注意

◆ 以下操作必须预先安装 C++Builder 6.0。

下面说明如何通过源程序来编译生成 EXE 可执行文件。

双击工程主文件 Project2.bpr，启动 C++builder 并打开终端软件工程，如图 8-68 所示。

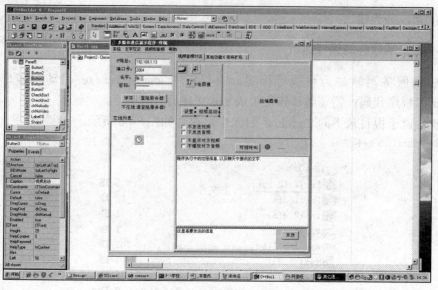

图 8-68　启动后的界面

执行 Run | Run 命令，或者直接单击快捷菜单上的运行按钮，或按快捷键 F9，就可以开始编译并运行当前程序，如图 8-69 所示。

图 8-69　编译

编译完成后，目录中会出现文件 Project2.exx，并自动调用执行。以后想运行终端程序时，可以直接双击 Project2.exx。

8.4.6　客户端软件使用说明

源程序编译连接成功后，就生成客户端的可执行程序，以后可以脱离 C++Builder 来独立运行。客户端程序启动后首先检查摄像头，在使用前请检查摄像头及其驱动程序是否已正确安装。

1. 启动客户端软件

在目录中双击 Project2.exe，启动后初始界面如图 8-70 所示，填写相关内容。

◆ 服务器 IP 地址中也可以输入域名。

◆ 服务器 TCP 端口，默认为 2004，取决于服务器上的设置。

◆ 本人名字，最多 5 个汉字。

◆ 密码，15 位。

下面将说明如何通过源程序来编译生成 EXE 可执行文件。

（1）填写和修改完毕后，单击"保存"按钮。下次启动时，会自动调入。

（2）单击"登录服务器"按钮。如果密码错，会提示"被拒绝，可能是密码错！"，如图 8-71 所示。

图 8-70　客户端启动界面　　　　　　　　　　图 8-71　密码错

2. 登录服务器

登录服务器后，界面的窗口会自动展开，显示出文字聊天和视频通话的界面部分。同时，在"在线列表"中会显示包括自己在内的人员。如图 8-72 所示，在张三登录前已经有两个人在线了。

图 8-72　成功登录后的界面

3. 文字聊天

聊天的操作方法很简单。首先在"在线列表"中选择要发送的对象，然后在发送框中写入要发送的文字，最后单击"发送"按钮或者按 Ctrl+Enter 键。

在列表框中选择的人仅仅是要发送的对象，并不影响其他人向你发送消息。文字聊天界面如图 8-73 所示。

聊天记录可以保存到磁盘文件中，聊天记录文件的扩展名为.cha。当然，也可以将以前保存的聊天记录文件重新打开，在接收框中显示。保存和读取聊天记录的操作通过菜单来完成，如图 8-74 所示。

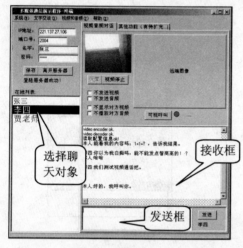

图 8-73　聊天界面

图 8-74　保存和读取聊天记录

如果聊天内容比较多，可以将程序窗口最大化。接收框与发送框之间的边界位置可以调整，如图 8-75 所示。

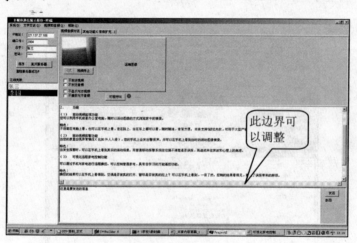

图 8-75　最大化窗口

4. 视频通话

视频通话（包括声音）需要一个呼叫连接的建立过程。首先在"在线列表"中选择要呼叫的对象，然后单击"可视呼叫"按钮，开始呼叫。听到"嘟……嘟……"的声音，同时按钮旁边原本灰色的小圆圈开始以黄色闪烁，如图 8-76 所示，说明正在等待对方的接听（或者拒绝）。

图 8-76 建立连接

在通话的对方（李四这边），程序会弹出接听提示对话框，如图 8-77 所示，表明来自张三的呼叫，同时，电话铃声响起。

图 8-77 接听提示对话框

如果不想接听，选择"否"，双方回到无通话状态，铃声停止。如果接听，选择"是"，进入视频和音频通话状态，通话指示（小圆圈）变成绿色，双方可以互相看到对方的图像，听到对方的声音，同时，"可视呼叫"按钮变为"挂断"按钮，如图 8-78 所示。这时仍然可以互相传递文字消息。

如果想结束通话，任何一方单击"挂断"按钮，即可结束通话。通话指示的图标（小圆圈）重新变为灰色，按钮文字变为"可视通话"。

5．其他说明

由于音频数据量相对较小，程序中对音频数据没有压缩，而是直接传输。音频格式采用

8kHz 采样频率，每个采样 16bit，数据速率为 128kb/s。在局域网中是没有问题的，如果在 Internet 上传输的话，需要添加音频压缩和解压缩功能，否则效率较低。

图 8-78　可视通话

目前，软件中尚没有实现"能力协商"的功能，因此视频采用固定的编码格式和编码方法。

- 图像分辨率采用 176*144，也可以设置为 352*288，但是双方必须预先设置好，并且要一致。
- 摄像头采集的图像编码格式为 YUV12（也称为 I420），即采用亮度和色差编码，每像素 12bit。

视频设置的过程是：首先单击"视频停止"按钮，这时"设置"按钮变为可用，单击"设置"按钮，弹出"视频格式"对话框，如图 8-79 所示。视频格式设置后，需要重新启动软件。

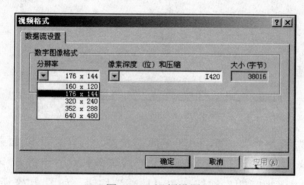

图 8-79　视频设置

◆　图中的内容和布局取决于摄像头驱动，不同型号的摄像头可能会不同。

复习思考题

一、填空题

（1）多媒体通信是_____技术与_____技术的有机结合，是_____、_____和_____领域的一次革命。在计算机的控制下，多媒体通信系统对多媒体信息进行_____、_____、_____、_____和_____。多媒体通信系统的出现大大缩短了计算机、通信和电视之间的距离，将计算机的_____、通信的_____和电视的_____完美地结合在一起，向人们提供全新的信息服务。

（2）影响多媒体通信的主要因素是_____、_____、_____和_____。

（3）多媒体通信系统通常包括_____、_____、_____等三部分。

（4）多媒体通信的实现方式包括_____、_____、_____三种。

（5）通信系统中的_____服务器在终端之间起到沟通作用；如果两台计算机分别处于两个不同的局域网内部，它们之间互相不可见，就必须通过_____服务器进行通信；_____服务器用来提供多媒体节目，接收终端的请求，并将终端要求的节目内容发送给终端。

（6）_____复用采用不同的频率来传送不同性质的数据；_____复用是在同一个物理信道内（比如同一个频点上），通过时间上的循环分配来传输多种媒体信息；为了提高效率，在实际通信系统中往往采用_____复用技术，即在同一频率点的同一时隙（即时间片）中通过_____复用的方式来传输多组数据。

（7）从通信的角度看，VoD 系统主要由_____系统、_____系统和_____系统三部分构成。

（8）视频监控系统的发展大致经历了三个阶段：20 世纪 90 年代初以前，第一代_____监控系统；20 世纪 90 年代中期，第二代_____本地视频监控系统；20 世纪 90 年代末，第三代_____视频监控系统。

二、简答题

（1）简述多媒体通信系统的实现方式。

（2）简述信道复用技术的分类和作用。

（3）举例说明多媒体通信应用系统的四种类型。

（4）主要电视会议标准有哪三种？

三、操作题

（1）构建局域网环境，使用 NetMeeting 实现电视会议。

（2）使用素材中提供的程序，体验聊天软件的开发过程。

附录　参考答案

第 1 章

一、填空题

（1）人机交互式

（2）交互性、集成性、控制性、非线性、媒体的数字化、媒体的实时性、信息使用的方便性和信息结构的动态性；交互性和集成性

（3）硬件；多媒体操作系统、多媒体系统开发工具软件和用户应用软件

（4）编辑能力及环境、媒体数据输入能力、交互能力、功能扩充能力、调试能力、动态数据交换能力、数据库功能和网络组件及模板套用能力

二、简答题

（1）日常生活中的媒体是某种物质实体，多媒体技术中的媒体包括文字、声音、图像、视频等，都不是物质实体，它们只是客观事物某种属性的表面特征，是一种信息表示方式。

（2）电视能够传播声、图、文的集成信息，但我们只能单向被动地接受信息，不能双向地、主动地处理信息，即没有所谓的交互性。

（3）多媒体技术是把文字、图像、动画、音频、视频等多媒体信息通过计算机进行数字化采集、压缩/解压缩、编辑、存储等加工处理，并展示两个或两个以上不同类型信息媒体的技术。

（4）集成性和交互性。集成性将不同类型的媒体有机地结合在一起，实现了 1+1>2 的功能；交互性使人可以按照自己的思维习惯和意愿主动地选择和接受信息，拟定观看内容的路径（人与计算机之间，人驾驭多媒体，人是主动者而多媒体是被动者）。

（5）多媒体系统开发工具软件包括多媒体编辑工具（例如字处理软件、绘图软件、图像处理软件、动画制作软件、声音编辑软件以及视频编辑软件）和多媒体创作工具（例如 Authorware、Director、Tool Book 等）两大部分。

（6）20 世纪 80 年代声卡的出现，标志着计算机的发展进入了多媒体技术发展阶段。1988 年 MPEG 的建立对多媒体技术的发展起到了推波助澜的作用。20 世纪 90 年代，Windows 95 操作系统问世，多媒体技术得到了蓬勃发展。

多媒体技术的发展趋势是逐渐把计算机技术、通信技术和大众传播技术融合在一起，向两个方面发展（一是网络化发展趋势，二是多媒体终端的部件化、智能化和嵌入化）。网络和计算机技术相交融的交互式多媒体将成为 21 世纪的多媒体发展方向。

（7）例如，多媒体展示（包括产品展示、活动展示、会议展示、公共服务领域展示等）、多媒体教学、互联网视频点播和直播、远程医疗和虚拟医疗、视频会议等。

（8）多媒体编辑工具用于建立媒体模型与编辑产生媒体数据。如图形图像处理工具

Photoshop、CorelDRAW、Freehand、Fireworks，动画处理工具 AutoDesk Animator Pro、3DS MAX、Maya、Flash 等，视频处理工具 Ulead Media Studio、Adobe Premiere、After Effects 等，声音处理工具 Sound Forge、Cool Edit、Wave Edit、Audition、SoundBooth 等。

多媒体创作工具提供不同的编辑、写作方式。如基于脚本语言的创作工具 ToolBook，基于流程图的创作工具 Authorware，基于时序的创作工具 Director，基于网络的 HTML 语言、VRML 语言、XML 语言，以及 Visual C++、Visual Basic、Java 等高级语言。

第 2 章

一、填空题

（1）图像、静止图像、运动图像（视频）

（2）二值图像、灰度图像（灰阶图像）和彩色图像

（3）BMP、GIF、JPEG、PNG；WMF、SVG

（4）BMP、GIF、JPEG

（5）图层、滤镜、通道、蒙版、路径

（6）画笔（包括画笔和铅笔工具）、填充（包括渐变和油漆桶工具）；路径（包括钢笔、自由钢笔等工具）、路径选择（包括直接选择和路径选择工具）

二、简答题

（1）矢量图用一系列计算机指令来表示一幅图像，如画点、直线、曲线、圆、矩形等。这种方法实际上是用数学方法来描述一幅图像，图像在放大时不会失真（如使用 CorelDRAW 绘制的图像）；位图由像素组成，当位图被放大数倍后，会发现连续的色调其实是由许多色彩相近的小方点组成的，这些小方点就是构成位图图像的最小单位"像素"，因此位图图像在放大时会出现马赛克现象（如使用 Windows 画图软件绘制的图像）。

（2）$800 \times 600 \times 8/8 = 469$KB。

（3）无损压缩指使用压缩后的数据进行解压缩，还原后的数据与原来的数据完全相同，例如磁盘文件的压缩就是无损压缩的典型例子；有损压缩指使用压缩后的数据进行还原，还原后的数据与原来的数据有所不同，但不影响人对原始资料所表达信息的理解。

（4）直接调整图像的长和宽：这种方法有时会造成图像的失真，只适合图像尺寸调整幅度不大时使用；通过调整图像的分辨率改变图像的尺寸大小：这种方法处理后的图像不会失真，在计算机屏幕上看上去图像的大小没有什么变化，但将其打印出来后图像的尺寸就会发生变化。

（5）颜色由色相、亮度和饱和度三个要素组成，这三个要素相互联系并且不可分割。色相指光谱中显示出来的除黑、白、灰等非彩色的、能被人眼识别的其他颜色；亮度指颜色的明度和灰暗的程度（亮度最高是白色，最低是黑色）；饱和度指色相的浓度。

（6）闪光灯打在视网膜上，反光会引起红眼效果。

（7）图层就像一张张透明的纸，透过透明区域，从上层可以看到下面的图层。在处理较为复杂的图像时，通常将不同的对象放在不同的图层上，通过更改图层的先后次序和属性，可以改变图像的合成效果。

（8）在 Photoshop 中，蒙版通常是一种透明的模板，覆盖在图像上，保护指定区域不受编辑操作的影响。应用蒙版可以方便地选取图像，编辑图像渐隐效果。

第 3 章

一、填空题

（1）传统动画、计算机动画；"完善动画"（动画电视）、"局限动画"（幻灯片动画）；顺序动画（连续动作）、交互式动画（反复动作）；全动画（每秒 24 幅）、半动画（少于 24 幅）；平面（二维）动画、三维动画

（2）3DS MAX、Maya、GIF、Flash

（3）GIF、GIF、GIF

（4）绘图和编辑图形、补间动画、遮罩

（5）形状补间、动画补间

二、简答题

（1）传统动画通过在连续多格的胶片上拍摄一系列单个画面，从而产生动态视觉；计算机动画则是在传统动画的基础上，采用连续播放静止图像的方法产生景物运动的效果。

（2）视觉暂留指人的眼睛看到一幅画或一个物体后，在 1/24 秒内不会消失。动画就是利用这一原理，以每秒 15 到 20 帧的速度连续播放一系列静止图像帧，在一幅画面还没有消失前播放出下一幅画面，形成一种流畅的视觉变化效果。

（3）在传统的动画制作过程中，动画的每一帧都要单独绘制，这种绘制动画的方法在 Flash 中称为逐帧动画。补间动画是利用关键帧处理技术的插值动画，是整个 Flash 动画设计的核心，也是 Flash 动画的最大优点。补间是"在中间"的简称。逐帧动画的每个帧都是关键帧，补间动画只在重要位置定义关键帧，而两个关键帧之间的内容由 Flash 通过插值的方法自动计算生成。

（4）形状补间针对非元件并且未组合的对象，动画补间针对组合对象或元件。

（5）遮罩层的功能就像一个蜡板，当用户将蜡板放在一个表面并在该表面涂抹颜料时，颜料只会涂在没有被蜡板遮掩住的地方，其他地方则被隔开或被遮掩住。遮罩层中的对象可以被看作是透明的，其下被遮罩层中的对象在遮罩层对象的轮廓内可见。

第 4 章

一、填空题

（1）动态、计算机、自然景象或活动对象

（2）VCD、DVD、DVD、DVDRip

（3）MOV

（4）3GPP

二、简答题

（1）数字视频的发展主要是指在个人计算机上的发展，大致分为初级、主流和高级几个历史阶段。数字视频发展的初级阶段的主要特点是在台式计算机上增加简单的视频功能，用户可以利用计算机处理活动画面；数字视频发展的第二个阶段为主流阶段，这个阶段数字视频在计算机应用中被广泛应用，成为主流；数字视频发展的第三阶段是高级阶段，在这一阶段，普通个人计算机进入了成熟的多媒体计算机时代，越来越多的个人也利用计算机制作自己的视频电影。

（2）AVI 视频格式的优点是调用方便、图像质量高，缺点是文件体积过于庞大；ASF 格式使用了 MPEG-4 的压缩算法，压缩率和图像的质量都较好（它的图像质量比 VCD 差一点，但比同是视频"流"格式的 RM 格式要好）；WMV 是 ASF 格式的升级，是一种在 Internet 上实时传播多媒体的技术标准，在同等视频质量下，WMV 格式的体积非常小，因此很适合在网上播放和传输；New AVI（简称 n AVI）视频格式是由 Microsoft ASF 压缩算法修改而来的，具有较高的压缩率和图像质量。

（3）RM 是 Real Networks 公司制定的音频、视频压缩规范，RM 格式与 ASF 格式相比各有千秋，通常 RM 视频更柔和一些，而 ASF 视频则相对清晰一些；RMVB 是 RM 视频格式升级延伸出的新视频格式，在保证静止画面质量的前提下，大幅提高了运动图像的画面质量，相对于 DVDRip 格式，RMVB 视频具有较明显的优势：一部大小为 700MB 左右的 DVD 影片，如果将其转录成同样视听品质的 RMVB 格式，其大小为 400MB 左右，且具有内置字幕和无需外挂插件支持等独特优点。

（4）数字视频采集完成后，有时需要将不合适的画面或片段裁剪掉，有时需要将素材重新排序，有时需要添加字幕、添加特技、插入声音或音乐。视频编辑可以实现上述功能。

（5）数字相册指的是可以在计算机上观赏的区别于静止图像的特殊文档，其内容不局限于摄影照片，也可以包括各种艺术创作图片，它具有传统相册无法比拟的优越性，即图文声像并茂、随意修改编辑、快速检索、永不褪色以及廉价复制分发等。

第 5 章

一、填空题

（1）采样、量化

（2）44.1kHz、16 位

（3）PCM、编码、PCM 编码、PCM 编码

（4）无损、有损、有损、无损

（5）MP3

（6）RA（RealAudio）、RM（RealMedia，RealAudio G2）、RMX（RealAudio Secured）

（7）22.050、16、44.1

二、简答题

（1）在使用计算机录制声音时，麦克风将声音信号转换为模拟电信号，然后通过音频卡

（声卡）将模拟电信号转化为数字音频，以便计算机处理和存储声音，这个转换过程称为模数转换。

（2）采样就是每隔一段时间读一次声音的幅度，在一秒内读取的点越多，获取的频率信息越丰富，越接近原始的声音。目前常用的标准采样频率有 8kHz、11.025Hz、22.05kHz、44.1kHz 和 48kHz 等。

（3）采样后声音信号的幅度还是连续的，量化就是把幅度转换成数字值，量化位数反映了度量声音波形幅度值的精确程度，位数越多，声音的质量越高。目前通常采用的量化位数为 8 位和 16 位。

（4）编码的作用主要有两个方面，一方面是采用一定的格式来记录数字数据，另一方面是采用一定的算法来压缩数字数据以减少存储空间和提高传输效率。将编码后的数据存储在磁盘上，就形成不同格式的音频文件。

（5）有损文件格式基于声学心理学模型，除去人类很难或根本听不到的声音（例如，在一个音量很高的声音后面紧跟着一个音量很低的声音，就可以将音量很低的声音除去）；无损的音频格式解压时不会产生数据或质量上的损失，解压产生的数据与未压缩的数据完全相同。

第 6 章

一、填空题

（1）图标、流程线、图标；显示、移动、数字电影、声音；擦除、等待、导航、框架、判断、交互

（2）自带的、其他软件

（3）显示、文本图形

（4）动画文件、音频文件和视频文件

（5）指向固定点、指向固定直线上的某点、指向固定区域内的某点、指向固定路径的终点、指向固定路径上的任意点

（6）按钮、热区域、热对象、目标区、下拉菜单、条件、文本输入、按键、重试限制、时间限制、事件

（7）按钮

（8）文本输入

（9）事件响应

二、简答题

（1）使用 Authorware 开发多媒体项目不需要编写大段的程序代码，编程的主要工作是将图标拖放到流程线上、在界面下方的属性面板中设置图标的功能属性，不同内容的出现、交互功能的实现等都通过流程线控制。程序执行时，沿流程线依次执行各个设计图标。这种流程图方式的创作方法正好符合人的认知规律，反映程序执行的先后次序，使不懂程序设计的人也能轻松地开发出漂亮的多媒体程序。

（2）在 Authorware 中，有些功能程序经常要用到，如打开对话框、文件操作、小测验的编写等。为了方便使用者，Authorware 事先提供了一系列已经编好的、功能比较齐全的程序

模块，这就是知识对象。优点是可以快速进行程序开发，缺点是不够灵活。

（3）选择"文件"|"导入和导出"|"导入媒体"命令直接引入使用其他软件制作的动画文件；选择"插入"|"媒体"命令导入 GIF、Flash 和 QuickTime 动画；在 Photoshop 等软件中复制图像，在 Authorware 演示窗口选择"粘贴"命令；将图像文件直接拖动到设计窗口的流程线上，Authorware 将自动在流程线上添加显示图标。

（4）按钮响应在窗口创建一个按钮，热区域响应在窗口中定义一个矩形区域（表现为一个矩形的虚线框），热对象响应在窗口中定义一个对象（热对象与热区域没有本质上的区别，只是热区域必须是一个矩形，而热对象可以是任意形状）。程序运行时，用户单击它们，Authorware 执行附在其中的程序。

（5）若要求每隔一定的时间执行相应的内容，或从时间角度限制用户的某项操作（如考试时的答题时间限制），就需要使用时间限制响应。重试限制响应用于限制用户的尝试次数，如在身份验证时对输入密码次数的限制。重试限制与时间限制的本质是一样的，只是控制方式不同而已。

（6）包括程序中用到的 Authorware 系统函数、通过链接方式调用的外部素材文件、为各种媒体提供支持的 Xtras 文件等。

第 7 章

一、填空题

（1）多媒体网页
（2）超文本标记语言 HTML
（3）<html>；<title>、</title>；<body>、</body>
（4）超文本链接（或超链接，或链接），<a href="资源地址">显示的文字</a>
（5）统一资源地址（URL）；请求服务的类型、网络上的主机名、服务器上的文件名
（6）<img src="ImageName">
（7）表单

二、简答题

（1）网站由一组相关的网页文档组合而成，这些文档之间通过各种链接相互关联。当我们在浏览器中输入一个网站的域名时，就可以访问该网站的首页。网站以首页为起点，使用超链接与其他网页相互链接。

（2）使用主题模板创建网页的优点是速度快，缺点是不够灵活。

（3）每个 HTML 文档都是由标记 <html> 开始，以标记 </html> 结束。整个 HTML 文件由两个部分组成（文档头（head）和正文（body）），其基本结构如下：

```
<html>
<head>
<title>...</title>
</head>
<body>
正文内容
```

```
</body>
</html>
```

（4）输入空格：切换到代码视图，在需要添加空格的位置，输入代码" "或在设计视图中单击"文本"标签的"字符：不换行空格"按钮。

按 Enter 键换行时，与上一行的距离很远，应先按下 Shift 键不放，然后再按下 Enter 键。

（5）框架网页是一种特殊的网页，框架网页中有多个被称为框架的区域，每个框架都可以显示不同的网页。

（6）如果在大表格中套入多重的小表格，会加大浏览器的负担，使页面呈现时间大大加长。因此在使用表格时，应尽量避免表格的层层相套。

（7）首先选择需要添加超链接的对象，然后执行以下操作。

- 选择"插入记录" | "超级链接"命令。
- 单击"常用"标签中的"超级链接"按钮。
- 右击后在弹出的菜单中选择"创建链接"命令。
- 在"属性"面板中进行设置。

（8）用户在表单中输入相关信息后，单击"提交"按钮提交表单。表单处理程序从表单中收集信息，将数据提交给服务器，服务器启动表单控制器进行数据处理，并将结果生成新的网页，显示在用户屏幕上。

第 8 章

一、填空题

（1）多媒体、通信；计算机、通信、电视；采集、处理、表示、存储、传输；交互性、分布性、真实性

（2）带宽、误码率、延迟、抖动

（3）终端、通信网络、局端设备

（4）直接端到端通信、局端协助的端到端通信、局端数据中转

（5）目录、中转、媒体

（6）频分、时分、码分、码分

（7）服务端、网络、客户端

（8）模拟、数字化、远程

二、简答题

（1）多媒体通信的实现方式包括直接端到端通信、局端协助的端到端通信、局端数据中转三种。直接端到端通信：知道对方的通信地址，直接呼叫对端，建立数据连接，进行多媒体通信；局端协助的端到端通信：不知道对端的 IP 地址，借助局端设备获取对端的通信地址，然后开始通信；局端数据中转：当无法进行直接的端到端通信时，借助于局端设备来完成。如两台都仅具有内网 IP 地址的计算机之间的通信或者需要图像融合的多方视频会议等，都不能或不便直接端到端传输数据。

（2）因为通信的实际线路往往只有一条，所以就需要按照一定的方式将媒体信息复合到

一起（称为"复用"），然后传送到线路中传输。在接收端，将这些媒体再分解开来（称为"解复用"），从而达到在感官上好像是同时传输的效果。从通信系统的角度看，常用的复用技术主要包括频分复用、时分复用和码分复用。

（3）多媒体通信应用系统包括多媒体消息业务、可视电话系统、视频会议系统、IP 电话、VoD 系统等，应用领域包括远程教育、远程医疗、视频会议、视频监控、可视化控制、多媒体网页（超媒体）等。按照是否需要实时传输或实时回应，多媒体通信应用系统大致分为 4 种类型。①会话型应用：实时传输，并需要实时回应，不能有大的起始延迟。如打电话（包括视频电话），通话时，往来总延迟不能超过 0.4 秒，否则会感觉不舒服。②流式应用：单向实时传输，不需要回应（除了控制信息），允许较大的起始延迟。除了部分控制信息上传之外，基本上属于广播的性质（如视频点播、在线看电影）。③交互型应用：不需要严格的实时传输。在人为干预下，更新媒体内容，允许有较大的延迟，如浏览网页。④背景型应用：发送以后不需要实时回应。往往采用存储转发的方式。数据发送到服务器之后，由服务器存储并找合适的机会发送到目的地。这一转发过程不需要人的参与和等待，在"暗地里"进行，如 Email 系统。

（4）20 世纪 90 年代初开发的电视会议标准是 H.320，它定义通信的建立、数字电视图像和声音压缩编码算法，运行在综合业务数字网（Integrated Services Digital Network，ISDN）上。在局域网上的桌面电视会议（Desktop Video Conferencing）采用 H.323 标准，这是基于信息包交换的多媒体通信系统。在公众交换电话网（Public Switched Telephone Network，PSTN）上的桌面电视会议使用调制解调器，采用 H.324 标准。